複合構造レポート19

複合構造におけるコンクリートの収縮・クリープの影響
ー材料と構造の新たな境界問題ー

土木学会

Hybrid Structure Reports 19

Effect of Concrete Creep and Shrinkage in Hybrid Structures
—Toward an Interdisciplinary Integration of Materials and Structures—

Aug, 2022

Japan Society of Civil Engineers

序

鋼管充填コンクリート，鋼コンクリート合成桁，鋼コンクリート複合トラスなど従来の鉄筋コンクリート，プレストレストコンクリートに括られない鋼とコンクリートの複合構造が実用化されて久しい．これらの新しい複合構造では，鋼とコンクリートの体積割合，両者の力や変形の伝達方法が，従来の鉄筋コンクリート，プレストレストコンクリートとは異なるため，コンクリートの収縮，クリープが構造物の挙動に及ぼす影響も異なると考えられる．しかし，これまで複合構造の設計におけるコンクリートの収縮，クリープの考慮の方法は，鉄筋コンクリート，プレストレストコンクリートにおける知見を準用する形で行われてきた．多くの場合，それで問題なく複合構造物が実現されているが，一部にコンクリートの収縮に起因すると考えられるひび割れが発生したり，鋼材応力が計算値と乖離したりする場合が報告されている．これらを解決し，より適切に複合構造を設計できるようにするためには，複合構造を対象としたコンクリートの収縮，クリープに関する研究を推進し，知見を蓄積し，設計法に反映するのがよいと考えられる．

そのような背景のもと，本委員会は複合構造におけるコンクリートの収縮，クリープの問題を取り扱う初めての研究委員会として 2017 年に設立された．したがって，本委員会の第 1 の目的は鋼コンクリート複合構造におけるコンクリートの収縮，クリープが関連する問題を抽出し，学術的・技術的な検討を行い，知見を取りまとめ，設計法に反映させることにある．ただし，現在，土木学会，日本コンクリート工学会など我が国のコンクリートに関する学協会において，収縮，クリープに関する研究委員会が設置されておらず，本委員会が唯一となることから，コンクリートの材料レベルの収縮，クリープに関する事項，鉄筋コンクリート，プレストレストコンクリートなど従来の構造形式における収縮，クリープ問題も取り扱うことにした．

材料レベルの収縮，クリープに関する問題には，鉄筋コンクリート，プレストレストコンクリート，複合構造などに広く適用する収縮予測式，クリープ予測式の整備，アップデートをはじめ，近年注目された骨材の収縮，自己収縮などの問題がある．構造レベルの問題には，古くから考えられてきた不静定力，橋梁の長期たわみ，ひび割れ幅，プレストレスロスなどがある．本委員会は 2019 年 1 月に第 1 期の成果の報告を行った．第 1 期は助走期間でもあったので，従来の鉄筋コンクリート，プレストレストコンクリートにおける収縮，クリープ問題を扱う割合が多く，複合構造に特化した問題にはあまり踏み込めていない．しかし，今回の第 2 期では複合構造の収縮，クリープ問題がはじめて組織的に事例調査，解析的検討を行うことができたことが大きな進展である．本委員会を契機として，今後この分野の学術研究，技術的検討が進み，その成果が示方書等の設計基準に反映されることを期待している．

委員会の活動と取りまとめに尽力された千々和幹事長，川端連絡幹事をはじめ，浅本幹事，藤井幹事，谷口幹事，委員各位に感謝申し上げる．

2022 年 8 月

土木学会　複合構造委員会

複合構造におけるコンクリートの収縮・クリープの影響に関する研究小委員会

委員長　下村匠

土木学会　複合構造委員会

複合構造におけるコンクリートの収縮・クリープの影響に関する研究小委員会

委員名簿

役職	氏名	所属
委員長	下村　匠	長岡技術科学大学
幹事長	千々和伸浩	東京工業大学
幹　事	浅本　晋吾	埼玉大学
	谷口　望	日本大学
	藤井　隆史	岡山大学
委　員	臼井　裕規	北武コンサルタント株式会社
	岡田　俊彦	株式会社日本構造橋梁研究所
	片　健一	三井住友建設株式会社
	河中　涼一	株式会社ピーエス三菱
	川端雄一郎	国立研究開発法人海上・港湾・航空技術研究所
	木戸　弘大	ジェイアール西日本コンサルタンツ株式会社
	久保　武明	株式会社トーニチコンサルタント
	小林　薫	ＪＲ東日本コンサルタンツ株式会社
	鈴木　雄大	東日本旅客鉄道株式会社
	玉野　慶吾	鹿島建設株式会社
	兵頭　彦次	太平洋セメント株式会社
	牧田　通	中日本高速道路株式会社
	蓑輪　圭祐	福井工業高等専門学校
	村田　裕志	大成建設株式会社
	山本　将士	日本ファブテック株式会社
	渡辺　健	公益財団法人鉄道総合技術研究所
旧委員	池田　学	公益財団法人鉄道総合技術研究所
	伊藤　康輔	鹿島建設株式会社
	大野　又稔	公益財団法人鉄道総合技術研究所
	小林　仁	株式会社ピーエス三菱

複合構造レポート19

複合構造におけるコンクリートの収縮・クリープの影響

―材料と構造の新たな境界問題―

目　次

第1章　　はじめに

1.1 本研究委員会の設立趣旨と目的

1.1.1 本委員会の設立の背景

本書は，土木学会複合構造委員会「複合構造におけるコンクリートの収縮・クリープの影響に関する研究小委員会」の研究成果を取りまとめたものである．鋼とコンクリートの複合構造は鉄筋コンクリート，プレストレストコンクリートが代表的であり，これらにおけるコンクリートの収縮，クリープの影響は古くから研究され，実構造物の設計において考慮されてきた．まだ解決されていない問題，新たな研究課題も生まれ，学術研究，技術的検討は続けられている．

一方，鋼管充填コンクリート，鋼コンクリート合成桁，鋼コンクリート複合トラスなど従来の鉄筋コンクリート(RC)，プレストレストコンクリート(PC)に括られない鋼とコンクリートの複合構造が実用化されて久しい．これらの新しい複合構造では，鋼とコンクリートの体積割合，両者の力や変形の伝達方法が，鉄筋コンクリート，プレストレストコンクリートとは異なるため，コンクリートの収縮，クリープが構造物の挙動に及ぼす影響も異なると考えられる．しかし，これまで複合構造の設計におけるコンクリートの収縮，クリープの考慮の方法は，鉄筋コンクリート，プレストレストコンクリートにおける知見を準用する形で行われてきた．多くの場合，それで問題なく複合構造物が実現されているが，一部にコンクリートの収縮に起因すると考えられるひび割れが発生したり，鋼材応力が計算値と乖離したりする場合が報告されている．これらを解決し，より適切に複合構造を設計できるようにするためには，複合構造を対象としたコンクリートの収縮，クリープに関する研究を推進し，知見を蓄積し，設計法に反映するのがよいと考えられる．

そのような背景のもと，本委員会は複合構造におけるコンクリートの収縮，クリープの問題を取り扱う初めての研究委員会として 2017 年に設立された．したがって，本委員会の第 1 の目的は鋼コンクリート合成構造におけるコンクリートの収縮，クリープが関連する問題を抽出し，学術的・技術的な検討を行い，知見を取りまとめ，設計法に反映させることにある．ただし，現在，土木学会，日本コンクリート工学会など我が国のコンクリートに関する学協会において，収縮，クリープに関する研究委員会が設置されておらず，本委員会が唯一となることから，コンクリートの材料レベルの収縮，クリープに関する事項，鉄筋コンクリート，プレストレストコンクリートなど従来の構造形式における収縮，クリープ問題も取り扱うことにした．

1.1.2 コンクリートの収縮，クリープとは

ここでは，コンクリートの収縮，クリープに関する既知の事項を述べる．

硬化コンクリートの変形特性は，マトリクスである硬化セメントペーストに由来する性質がいくつかある．その特徴的な性質に収縮とクリープがある．収縮はおもには乾燥収縮を指し，水分の逸散に伴う体積減少である．乾燥収縮は硬化セメントペーストを含む多孔材料が共通に有する性質である．ただし，硬化セメントペーストは，乾燥収縮だけでなくセメントの水和に伴う自己収縮も生じ，実験的に乾燥収縮として計測される収縮には自己収縮が含まれている場合がある．

鋼などコンクリート以外の多くの構造材料では，体積変化としては温度変化による膨張・収縮が代表的である．コンクリートの場合温度変化による膨張・収縮に加えて，乾燥やセメントの水和に伴う収縮を考慮し

なければならないことになる．温度変化による膨張・収縮の場合は，構造部材が初期と同じ温度にもどればもとの体積に戻るが，コンクリートの自己収縮・乾燥収縮は長期的には初期よりも体積が減少した状態で平衡する．セメントの水和の進行は一方向的であるし，型枠を外したばかりの初期材齢のコンクリートは大気に平衡するよりも高い含水率にあるからである．

一方，クリープは応力を受けた時の時間依存性変形であって，コンクリート以外の材料にもみられる性質であるが，コンクリートの場合，その程度が大きいこと，乾燥の影響を受けるなど複雑なクリープ挙動を示すなどの特徴がある．なお，クリープは変形を一定に保った場合に応力の時間的な減少という形で現れ，これをリラクゼーションと呼ばれることがあるが，クリープとリラクゼーションは時間依存性の応力と変形の関係を異なる境界条件下で観察しているに過ぎない．

コンクリートの収縮とクリープは別の現象であるが，両者はコンクリートの代表的な時間依存性変形成分であること，微視的なメカニズムでは水分が重要な役割を演じるなど共通している面があること，どちらもプレストレスロスやたわみ，不静定力など同じような構造問題に関係することなどから，まとめて議論されることが多い．

1.1.3　コンクリートの収縮，クリープが構造物に及ぼす影響

構造物中ではコンクリートは鉄筋や他部材による拘束を受けているために，コンクリートの収縮が生じると，コンクリートに引張応力が導入される．その結果，コンクリートの見かけの引張強度が低下したりひび割れが発生したりすることがある．また，ひび割れ発生後には収縮の進行によりひび割れ幅が拡大する．鉄筋コンクリート構造では多くの場合，コンクリートのひび割れは構造物の力学的な性能を直ちに損なうことはないが，美観や耐久性の観点からはひび割れは概して好ましいものではなく，ひび割れ幅は支障をきたさない範囲に抑えられなければならない．

乾燥収縮は一般に部材表面から進行するので，構造物中においてコンクリートが他から拘束されていなくても，構造物中の不均一な収縮の分布により表面に引張応力が導入され，ひび割れが発生することがある．これは内部拘束ひび割れとも呼ばれ，部材表面部に生じる非貫通のひび割れとなる．

プレストレストコンクリートの場合，コンクリートの収縮はプレストレスの減少をもたらすので，その程度を正しく見積もることが重要である．

一方，コンクリートのクリープは多くの場合，構造物中のコンクリートならびに鋼材の応力を緩和（低減）する方向に作用する．したがって，クリープを無視し弾性解析により不静定応力を算定することは，応力を実際よりも大きく見積もることになるので，安全側の結果をもたらす．しかし，温度や収縮により導入される応力を精度よく予測する必要がある場合には，コンクリートのクリープの影響を正しく考慮する必要がある．なお，クリープはたわみなど部材の経時変形を増大させるので，変形の算定においてはクリープを無視することは危険側となる．

また，収縮とならんでクリープはプレストレスを減少させる主たる原因であるので，プレストレストコンクリートにおいては，その正しい予測が重要である．

1.1.4　コンクリートの収縮，クリープに関する研究小史

研究においても収縮，クリープは同時に議論されることが多かった．収縮，クリープに関する研究は，生成機構に関する材料科学的な研究，構造物の応答予測法の開発および実構造物の設計へのその適用，数値解析技術を駆使したシミュレーションなどの流れを経てきた．

コンクリートの収縮，クリープ現象はセメント・コンクリートが工業材料として実用された当初より認識されていたと思われる．1900年代前半にも収縮ひび割れに関する研究が行われていたことは論文で確認できるし，プレストレストコンクリートの実現とともに設計において何らかの考慮がなされてきたことは確実である．

1900年代の後半には，現代のセメント・コンクリート工学の基盤となる材料科学的な研究が国内外ともに活発に行われた．収縮，クリープに関する定期的な国際会議は1950年代に端を発する．1960年代には収縮，クリープを熱力学的な観点で体系的に記述したT.C.Powersの研究が行われた．わが国においても1960年～70年代のセメント技術大会の論文集には，収縮，クリープのメカニズムに関する基礎的な研究論文が多数掲載されている．これらの基礎研究が，大学の研究者のみならず，民間のセメント会社の研究者により精力的に行われていたことが注目に値する．

同じ1960年～70年代には，ヨーロッパではドイツのミュンヘン工科大などでプレストレストコンクリート橋梁の設計に資する収縮，クリープに関する研究が集中的に行われ，それらの成果の設計コードへの取り込みが行われた．わが国はその頃，プレストレストコンクリート橋の技術を海外諸国から学ぶ時期にあり，民間建設会社の技術者が多数海外の大学で学び，技術導入を行った．1976年に百島らによりH.RuschとD.Jungwirthの著書「コンクリートの構造物のクリープと乾燥収縮」が翻訳出版されたことはこの時代を象徴している．

1970年代には，それまで海外の耐力算定式等を移入していた土木学会コンクリート標準示方書（以下，コンクリート標準示方書）の内容を，できるだけわが国独自の研究や技術開発の成果に基づいた内容に置き換えようとする動きが起こり，そのための研究が盛んとなった．収縮，クリープについては，それまでCEBモデルコードの予測式が借用されていたが，1991年のコンクリート標準示方書改訂において，わが国独自の実験データに基づいて作成された阪田らの提案した予測式に置き換えられた．

1980年代から構造物の応答を有限要素解析により精度よく汎用的に予測するための研究が盛んとなり，実務においても用いられるようになった．1986年にEvanstonで行われた収縮，クリープに関する伝統的な国際会議の成果に基づき翌年に出版された“Mathematical modeling of creep and shrinkage of concrete”には，収縮，クリープの構成式や解析法を有限要素解析に適用することに関してかなりページが割かれており，当時の動向が窺える．数値解析技術の進歩とともに，収縮，クリープに関連する問題の数値シミュレーションは，国内外で活発に行われた．この分野では1990年代以降，わが国が世界の研究動向をリードする一端を担ってきた．コンクリート標準示方書は，1986年にコンクリート中のセメントの水和発熱による温度ひび割れの発生予測に数値解析を用いる方法を世界に先駆けて標準的に採用した．

2000年代以降，国外では材料の微視的挙動に関する最先端の分析技術と高度な数値解析に相当な研究力が組織的に注がれている．国内では，従来あまり顧みられることがなかった骨材の収縮に関する研究が注目されたりした．収縮，クリープに関する伝統的な国際会議（ConCreep）が，2008年に田邊らをChairmenとして念願の日本の伊勢志摩で開催された．同会議はその後も定期的に開催され続けている．

1.1.5　コンクリートの収縮，クリープに関する研究の新たな局面

大規模なコンクリートダムや長大なプレストレストコンクリート橋が建設可能となり，コンクリート標準示方書をはじめとする設計規基準に，設計におけるコンクリートの収縮，クリープの考慮の方法が整備されている．もはや古典的な課題であるコンクリートの収縮，クリープに関する新たな研究や技術的検討の必要性はあまりないと一般に認識されている感がある．

しかし近年においても，コンクリートの収縮が一因とみられる PRC 橋の顕著なひび割れ，中央ヒンジのPC 橋における想定を上回る長期たわみなどの問題が生じている．これらは，収縮，クリープが関連する構造問題にはまだ解決されていない側面があることを意味している．また，古い時代にコンクリート標準示方書等の設計基規準に導入された応答値算定法，設計用数値が，その由来や前提も確認されないままに適用され続けているものもあり，現在の材料，構造，技術にあわせて見直す時期に来ているものも少なくない．

近年，土木学会では複合構造，合成構造についても示方書が刊行され，コンクリートの収縮，クリープが取り扱われている．複合構造，合成構造では，鋼とコンクリートの体積割合，両者の力や変形の伝達機構が従来の鉄筋コンクリート，プレストレストコンクリートと異なるので，コンクリートの収縮，クリープが構造物の性能に及ぼす影響を考える際，新たな考え方をしなければならない場合もある．以上を顧みると，コンクリートの収縮，クリープに関する設計技術の包括的な検討は依然として必要とされているといえる．

1.1.6　本研究委員会の目的

土木学会複合構造委員会ではコンクリート構造だけでなく，複合構造，合成構造などコンクリートが使われている土木構造を広く扱っている．そこで，複合構造委員会傘下に本研究委員会が設置され，鉄筋コンクリート，プレストレストコンクリートなど従来からコンクリート分野で扱われてきた構造だけでなく，複合構造，合成構造などコンクリートが使われている土木構造全般を対象として，コンクリートの収縮，クリープが構造物の挙動，性能に及ぼす影響を抽出し，現在の技術に合致した合理的な取り扱いを検討することとした．

（執筆者：下村　匠）

1.2　複合構造における収縮，クリープの取扱い

1.2.1　複合構造標準示方書における収縮，クリープの取扱い

本項では，まず複合構造標準示方書に掲載されているそれぞれの複合構造での収縮，クリープの取扱いについて記載する．複合構造標準示方書 1 標準編では，収縮，クリープの特性値は基本的にコンクリート標準示方書によることとしている．以下は仕様編における各部材での収縮，クリープの取扱いについて記載する．

合成はり部材では，一般的にコンクリートの収縮およびクリープの影響を考慮する必要があり，その詳細は 1.2.2 で記載する．鉄骨鉄筋コンクリート部材では，一般にコンクリートの収縮やクリープの影響を設計断面力や長期の変位・変形の算定の際に考慮する．ただし，設計断面力の算定においては，通常の温度変化，収縮，クリープ等の影響が小さい場合には，無視してよく，また施工時において鉄骨に応力が導入されている場合には収縮，クリープの影響を考慮するものとされている．また，構造物全体を一度に支保工上で施工するなど，施工中の構造系と施工後の構造系に変化がない場合，コンクリートは構造物全体で一様に収縮するものと考えてよいとしている．コンクリート充填鋼管部材では，一般のコンクリートでは鋼管内で密閉された状況のもとで硬化するため，小さいため，コンクリートの収縮の影響は無視してよいとされている．ただし，高強度コンクリート等を用いる場合には，必要に応じて自己収縮を考慮しなければならない．また，コンクリート充填鋼管部材の構造系が施工中と施工後で変化する場合には，充填コンクリートのクリープにより生じる不静定力の影響を考慮する必要があるとされている．なお，鋼コンクリート合成版，鋼コンクリートサンドイッチ合成版については，複合構造標準示方書に収縮，クリープの記載はない．

合成はりに関しては後述するが，鉄骨鉄筋コンクリート部材およびコンクリート充填鋼管部材における収

縮，クリープの取扱いに関する研究は少ない．一方で，複合構造はコンクリート構造と比較してコンクリートに対する鋼のボリュームが増え，また鋼板によってコンクリートの乾燥が制限される場合もある．例えば，コンクリート充填鋼管部材では，コンクリートは鋼管に被覆されているため，基本的に乾燥することはない．したがって，乾燥収縮は考慮しなくてよい．逆に，高強度コンクリートでは自己収縮が無視できない[1]ため，その影響を考慮する必要がある．一方で，現行の複合構造標準示方書では，**表 2.2.1** に示すクリープ係数を用いることとされている．これは，コンクリート標準示方書（2012 年版）に記載されているプレストレストコンクリートの標準的なクリープ係数であるが，実際にプレストレストコンクリートの標準的なクリープ係数を用いる妥当性は明確でない．現状では十分な根拠のある数値が示されていないため，安全側の評価として**表 1.2.1** に示す値が用いられている．コンクリート充填鋼管部材の充填コンクリートのクリープ係数については，通常のコンクリートより小さいといわれている．コンクリート充填鋼管構造設計施工指針[2]では，通常の鉄筋コンクリート部材や鉄骨鉄筋コンクリート部材の 1/2 程度以下になるとされている．この原因は，充填コンクリートが鋼管によって乾燥の影響を受けにくいこと，また充填コンクリートのひずみが鋼管によって半径方向に拘束を受けるためと考えられているが，今のところ確認されていない．例えば，クリープに関しては基本クリープのみを考慮し，乾燥クリープを無視するという考え方も可能である．

また，鉄骨鉄筋コンクリート部材では，**図 1.2.1～図 1.2.3** に示す通り様々な種類の鉄骨鉄筋コンクリート部材が存在する．上述の通り，鉄骨鉄筋コンクリート部材のコンクリートは構造物全体で一様に収縮するものと考えてよいとされているが，コンクリート充填鋼管と同様，鋼管内部のコンクリートの取扱いなどの考え方が統一されていない．

表 1.2.1　充填コンクリートのクリープ係数

	プレストレスを与えたときまたは荷重を載荷するときのコンクリートの材齢				
	4～7日	14日	28日	3ヶ月	1年
クリープ係数（φ）	3.1	2.5	2.2	1.8	1.4

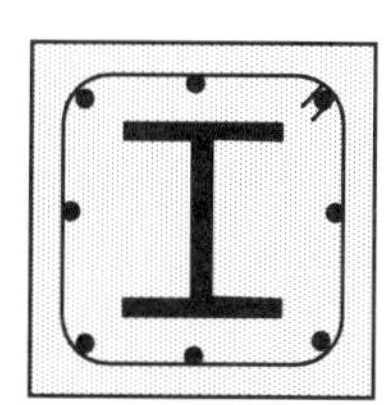
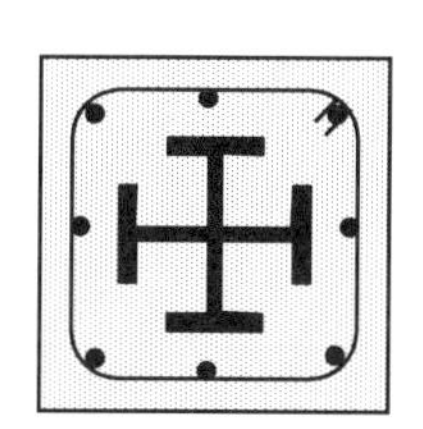

図 1.2.1　充腹形鉄骨部材の例（複合示方書を適用可能）[3]

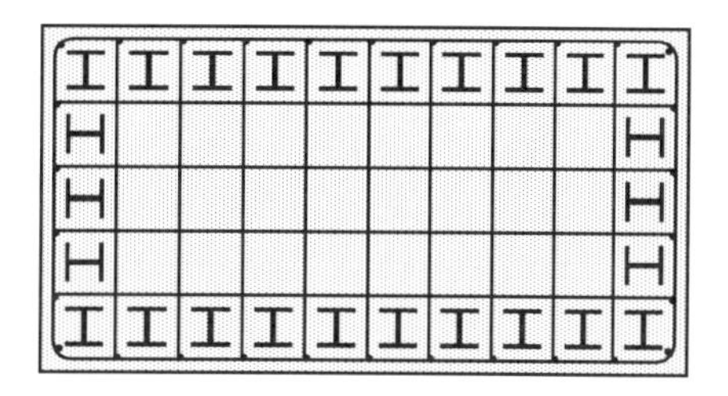

図 1.2.2　鉄骨鉄筋併用部材の例（コンクリート標準示方書による）[3]

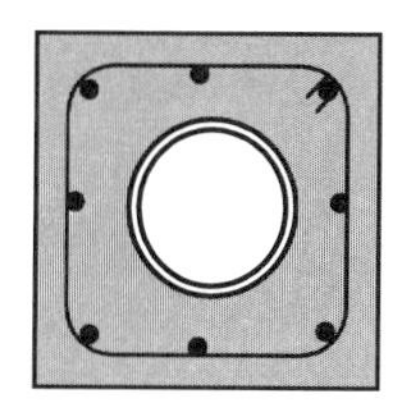
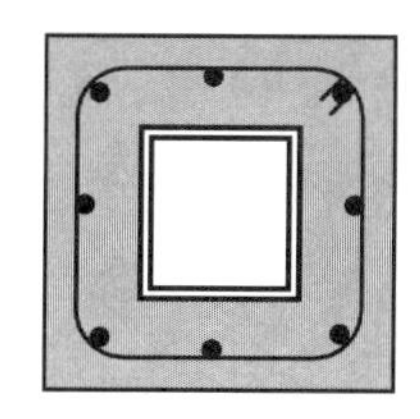

(a) 鋼管内無充填

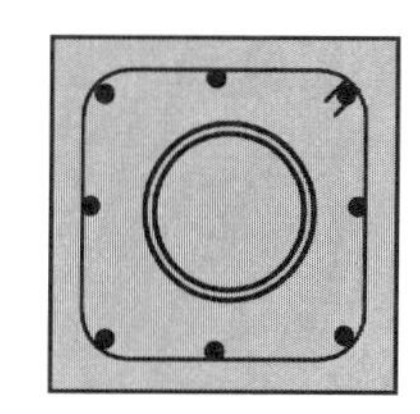
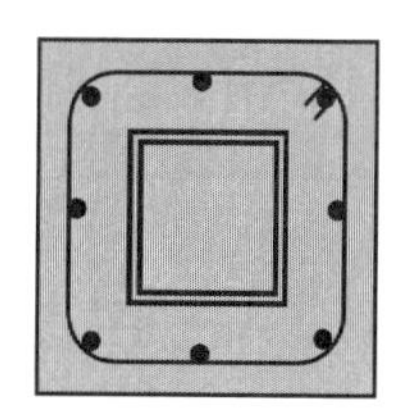

(b) 鋼管内充填

図 1.2.3　コンクリート被覆鋼管部材の例（複合示方書を適用可能）[3]

（出典 3：土木学会，2014 年制定　複合構造標準示方書［原則編・設計編］，土木学会，2015 年 5 月）

1.2.1 章の参考文献
1)　土木学会：2012 年制定　コンクリート標準示方書［設計編］，2013.3
2)　日本建築学会：コンクリート充填鋼管構造設計施工指針，丸善，2008.10
3)　土木学会：2014 年制定　複合構造標準示方書［原則編・設計編］，2015.5

（執筆者：川端　雄一郎）

1.2.2　合成桁（合成はり）における収縮，クリープの取扱い

鋼桁とコンクリートの床版を組み合わせた構造は，複合構造標準示方書では「合成はり」と呼ばれている．一方，鋼・合成構造標準示方書や道路橋示方書・同解説，鉄道構造物等設計標準・同解説では，「合成桁」と表記されている．この名称の差は，明確には定義区別されていないと思われるが，複合構造標準示方書の合成はりの記述には，波形鋼板を用いた合成はりも含まれているのに対し，合成桁として記述している基準類には，プレストレスをしない合成桁を基本として記載されていることから，この点では合成はりの方が広義の意味を持っていると考えられる．収縮，クリープにおいては，上フランジのみにコンクリート床版が用いられた合成桁に対して弾性荷重法を用いた設計手法が古くから記載されている．したがって，本章では，この上フランジのみに床版を用いた合成桁の収縮，クリープに関する設計手法について記載を行う．

1.2.3　合成桁の収縮，クリープの設計手法

合成桁の収縮およびクリープの設計手法は，鋼・合成構造標準示方書に記載されている．道路橋では，道路橋示方書・同解説（Ⅱ鋼橋・鋼部材編）[1]に規定化されており，鋼・合成構造標準示方書と同等の内容となっている．また，鉄道橋では，鉄道構造物等設計標準・同解説 [2]にて定められている．ここでは，道路橋示方書・同解説（Ⅱ鋼橋・鋼部材編）および鉄道構造物等設計標準・同解説に記載されている設計手法について紹介する．

(1) 道路橋示方書・同解説（Ⅱ鋼橋・鋼部材編）[1]

a)　床版コンクリートの乾燥収縮

コンクリート床版と鋼桁の剛性断面を考慮した設計では，床版コンクリートの乾燥収縮による影響を適切に評価しなければならない．コンクリート床版と鋼桁の合成作用を考慮した設計を行う場合に，床版コンクリートの乾燥収縮による応力の算出に用いる最終収縮度ε_sは20×10^{-5}を，クリープ係数ϕ_2は$\phi_2=2\phi_1=4.0$をそれぞれ標準とする．合成桁では，床版コンクリートの自由な収縮が鋼桁により拘束されるので，コンクリートに引張応力が生じるが，これが持続応力として働くためにクリープが生じ，その結果，収縮による応力度変化は緩和される．収縮が生じるときのコンクリートの材齢は非常に若く，また収縮の大部分は早期に終了するので，クリープ係数ϕ_2としては，材齢による補正係数を 2 にとり，$\phi_2=2\phi_1=4.0$としている．
乾燥収縮により生じる応力度の算出は，クリープ作用を考慮するため，$n=E_s/E_c$のかわりに$n_2=(1+\phi_2/2)$を用い，ε_tの代わりに最終収縮度ε_sとすればよい．**図 1.2.4** を参照し，nの代わりにn_2を用いて求めた合成断面の重心軸をV_2，鋼に換算した断面二次モーメントをI_{v2}，鋼に換算した断面積A_{v2}とすれば以下の式が得られる．

コンクリート床版部　$$\sigma_c=\frac{1}{n_2}\left[\frac{P_2}{A_{v2}}+\frac{M_{v2}y_{v2}}{I_{v2}}\right]-E_c\varepsilon_s$$

鋼桁部
$$\sigma_s = \frac{P_2}{A_{v2}} + \frac{M_{v2} y_{v2}}{I_{v2}} \tag{1.2.1}$$

ここに，　$E_{C2} = E_c / n_2$

$P_2 = E_s \varepsilon_s A_c / n_2 = E_{c2} \varepsilon_s A_c$

$M_{v2} = P_2 d_{c2}$

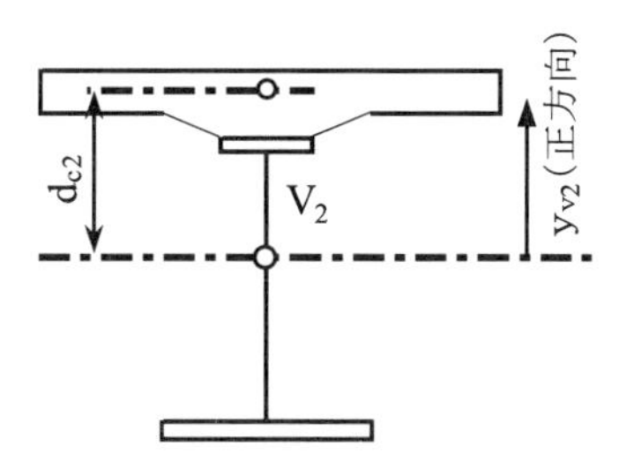

図 1. 2. 4　合成断面の重心軸 [1)]

（出典 1：日本道路協会，道路橋示方書・同解説（Ⅱ鋼橋・鋼部材編），2017 年 11 月）

また，引張応力を受けるコンクリート床版において，コンクリートの断面を無視する連続桁における乾燥収縮の影響の扱いは，桁の変形を求める弾性荷重としては式(1.2.2)，軸方向のひずみの変化量としては合成断面の重心軸において式(1.2.3)を用いればよい．

$$\frac{M_{v2}}{E_s I_{v2}} = \frac{\varepsilon_s A_{c2} d_{c2}}{n_2 I_{v2}} \tag{1.2.2}$$

$$\frac{P_2}{E_s A_{v2}} = \frac{\varepsilon_s A_c}{n_2 A_{v2}} \tag{1.2.3}$$

b)　床版コンクリートのクリープ

コンクリート床版と鋼桁の剛性断面を考慮して設計する場合において，コンクリート床版に持続荷重による応力が作用する場合には，床版コンクリートのクリープによる応力度の算出にあたって，その影響を適切に評価しなければならない．クリープ係数はコンクリートの養生，湿潤の状態に関係し，材齢の若い時期から死荷重やプレストレス等のように継続的に作用する荷重（持続荷重）を作用させるほど大きくなる．一般に，道路橋の置かれる気象状態および道路橋示方書（2017 年(平成 29 年)11 月版）に示される合成作用の始まる時期を考慮すると，クリープ係数$\emptyset_1 = 2.0$としてよいと考えられる．ただし，標準的な状態ではない場合は別途クリープ係数を検討する必要がある．コンクリートの当初応力度を ，クリープによる変化応力度を$\Delta\sigma_c$とすれば，当初ひずみε_cよりの変化ひずみ$\Delta\varepsilon$は次式で表される．

$$\Delta\varepsilon = \varepsilon_x - \varepsilon_c = \frac{\sigma_c \emptyset + \Delta\sigma_c (1 + \emptyset/2)}{E_c} = \frac{\sigma_c}{E_c}\emptyset + \frac{\Delta\sigma_c}{E_{c1}} \tag{1.2.4}$$

ここに，　$E_{c1} = E_c / (1 + \emptyset/2)$

ε_xはクリープ終了時のひずみを表す．

これより，変化ひずみ$\Delta\varepsilon$は，鋼桁による拘束を受けない場合の$(\sigma_c / E_c)\emptyset$と，ヤング係数$E_c$の代わりに$E_{c1}$とした変化応力度$\Delta\sigma_c$によるひずみ$\Delta\sigma_c/E_{c1}$の合計として表されることになる．**図 1.2.5** に示すように鋼桁による拘束を受けない場合の自由なクリープひずみ$\varepsilon_\emptyset$に対し，$P_\emptyset = E_{c1}\int_{AC}\varepsilon_\emptyset dA = E_{c1}\cdot A_c\cdot\varepsilon_{\emptyset 0}$なる引張応力をコンクリート断面に作用させて当初のひずみ状態に戻した後，鋼とコンクリートを結合させて$P_\emptyset$を解放すれば，合成断面には$P_\emptyset$なる軸圧縮力と，$M_\emptyset = P_\emptyset\cdot(d_{c1}+\gamma_c^2/d_c)$なる曲げモーメントが作用することになる．この両者の応力を重ね合わせることにより変化応力度$\Delta\sigma_c$は**図 1.2.5** に示す方法で求められる．

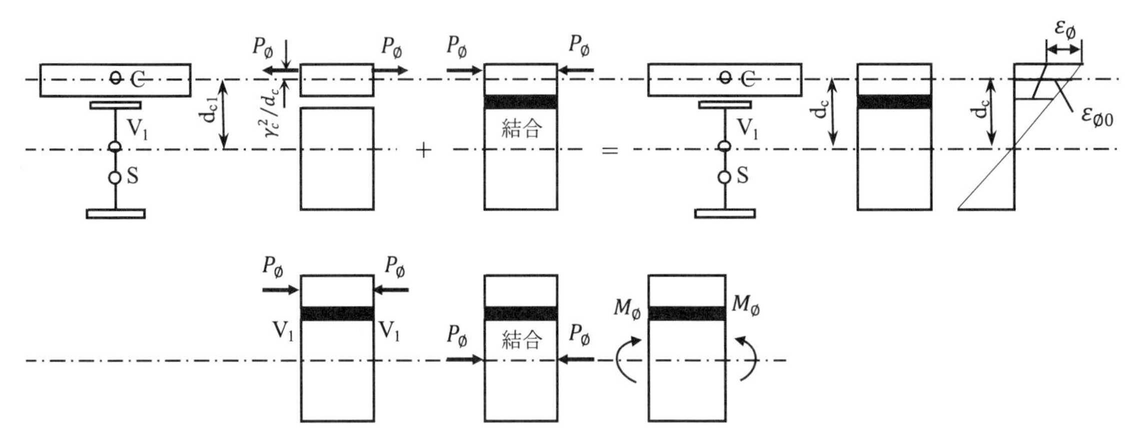

図 1.2.5　クリープひずみを受ける場合の応力度の算出方法 [1)]

（出典 1：日本道路協会，道路橋示方書・同解説（II 鋼橋・鋼部材編），2017 年 11 月）

図 1.2.5 を参照し，$n = E_s/E_c$の代わりに，$n_1 = (1+\emptyset_1/2)$を用いて求めた合成断面の重心軸をV_1，鋼に換算した断面をA_{v1}，鋼に換算した断面二次モーメントをI_{v1}とし，圧縮応力を正とすれば，式(1.2.5)が得られる．

コンクリート床版部　$$\Delta\sigma_c = \frac{1}{n_1}\left[\frac{P_\emptyset}{A_{c1}} + \frac{M_\emptyset y_{v1}}{I_{v1}}\right] - E_{c1}\frac{\sigma_c}{E_c}\emptyset_1$$

鋼桁部　$$\sigma_s = \frac{P_\emptyset}{A_{v1}} + \frac{M_\emptyset y_{v1}}{I_{v1}} \qquad (1.2.5)$$

ここに，　$$P_\emptyset = E_{c1}\cdot A_c\cdot\varepsilon_{c\emptyset 0} = E_{c1}A_c\frac{N_c}{E_c A_c}\emptyset_1 = \frac{2\emptyset_1}{2+\emptyset_1}N_c$$

$$M_\emptyset = P_\emptyset(d_{c1}+\gamma_c^2/d_c) \fallingdotseq P_\emptyset\cdot d_{c1}$$

$$\gamma_c^2 = I_c/A_c$$

N_cは，クリープを起こす当初の持続荷重状態において，コンクリート床版に作用している圧縮力の合力で，作用曲げモーメントをM_dとすれば，式(1.2.6)となり，コンクリート床版の重心に PC 鋼材を有する場合の PC 鋼材の変化応力度は，$n_p = E_c/E_p$として，式(1.2.7)で表される．なお，クリープの影響による合成桁の変形を求める場合の弾性荷重としては，曲げ変形については式(1.2.8)，軸方向変形については，合成図心点（**図 1.2.6**）において式(1.2.9)を用いればよい．

$$N_c = \frac{M_d}{nI_v}d_c\cdot A_c \qquad (1.2.6)$$

$$\Delta\sigma_p = \frac{1}{n_p}\left[\frac{P_\emptyset}{A_{v1}} + \frac{M_\emptyset d_{c1}}{I_{v1}}\right] \qquad (1.2.7)$$

$$\frac{M_{\emptyset}}{EI}=\frac{N_c}{E_s I_{v1}}\cdot\frac{2\emptyset_1}{2+\emptyset_1}\left[d_{c1}+\frac{\gamma_c^2}{d_c}\right]\fallingdotseq\frac{N_c d_{c1}}{E_s I_{v1}}\cdot\frac{2\emptyset_1}{2+\emptyset_1} \tag{1.2.8}$$

$$\frac{P_{\emptyset}}{EA}=\frac{N_c}{E_s A_{v1}}\cdot\frac{2\emptyset_1}{2+\emptyset_1} \tag{1.2.9}$$

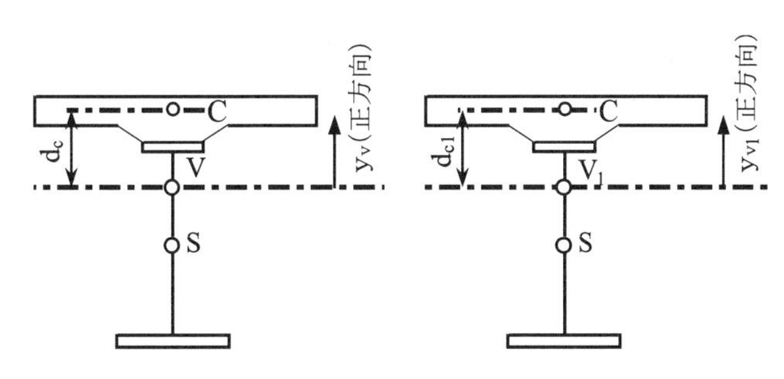

図 1.2.6　合成図心点 [1)]

（出典1：日本道路協会，道路橋示方書・同解説（II鋼橋・鋼部材編），2017 年 11 月）

引張応力を受けるコンクリート床版において，コンクリート断面を無視する連続桁のクリープの影響の取り扱いについても，式(1.2.8)に示す弾性荷重を用いて，桁の変形を計算し，不静定力を求めることができる．最終的に得られた曲げモーメントが，その着目点において正であれば，変化量ΔMを用いて変化応力度は次のように計算される．

コンクリート床版部　$$\Delta\sigma_c=\frac{1}{n_1}\left[\frac{P_{\emptyset}}{A_{v1}}+\frac{M_{\emptyset}y_{v1}}{I_{v1}}\right]-E_{c1}\frac{\sigma_c}{E_c}\emptyset_1+\frac{\Delta M y_{v1}}{n_1 I_{v1}}$$

鋼桁部　$$\sigma_s=\frac{P_{\emptyset}}{A_{v1}}+\frac{M_{\emptyset}y_{v1}}{I_{v1}}+\frac{\Delta M y_{v1}}{I_{v1}} \tag{1.2.10}$$

また，負であれば，鋼桁断面を用いて応力を計算すればよい．これらの考え方はコンクリート床版の乾燥収縮にも適用してよい．

(2) 鉄道構造物等設計標準・同解説

a)　収縮の影響

コンクリート床版の収縮による変形は鋼桁に拘束されるため，鋼桁およびコンクリート床版に応力が生じる．この場合，コンクリートの収縮によるコンクリート床版において鋼桁の断面力は以下の式(1.2.11)～式(1.2.14)で算定してよい．

$$N_C=\frac{\varepsilon_S'\cdot E_S}{\frac{n_\varphi}{A_C}+\frac{1}{A_S}+\frac{n_\varphi\cdot d^2}{I_C+n_\varphi\cdot I_S}} \tag{1.2.11}$$

$$N_S=-\frac{\varepsilon_S'\cdot E_S}{\frac{n_\varphi}{A_C}+\frac{1}{A_S}+\frac{n_\varphi\cdot d^2}{I_C+n_\varphi\cdot I_S}} \tag{1.2.12}$$

$$M_C=\frac{I_C}{I_C+n_\varphi\cdot I_S}\cdot N_C\cdot d \tag{1.2.13}$$

$$M_S = \frac{n_\varphi \cdot I_S}{I_S + n_\varphi \cdot I_S} \cdot (-N_S) \cdot d \tag{1.2.14}$$

ここに，　n_φ：コンクリートの鋼に対する見かけのヤング係数比で式(1.2.15)により算定してよい

$$n_\varphi = n(1 + \varphi_2/2) \tag{1.2.15}$$

φ_2：収縮による影響を考慮した場合のクリープ係数で，一般に$\varphi_2 = 1.5\varphi_1$としてよい．

φ_1：コンクリートのクリープ係数で，一般に$\varphi_1 = 2.0$を標準とする．

N_c，N_s，M_c，M_c：時間 T＝0 から T＝∞までの間にコンクリートの収縮によって，コンクリート床版断面の図心軸，鋼桁断面の図心軸に加わる軸方向力と曲げモーメント．軸方向力は引張側を正側，曲げモーメントは下側引張の方向を正側とする．

ε_s'：コンクリートの最終縮度で，一般に$\varepsilon_s' = 200 \times 10^{-6}$とする．

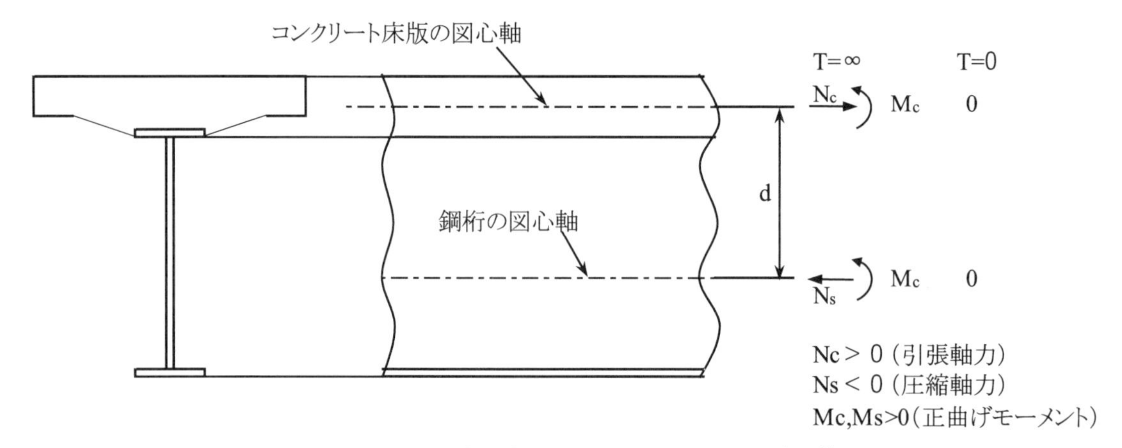

図 1.2.7　収縮を考慮するための力学モデル [2)]

（出典 2：鉄道総合技術研究所，鉄道構造物等設計標準・同解説　鋼・合成構造物，2009 年 7 月）

b)　クリープの影響

合成後の死荷重による主桁の断面力および断面耐力をクリープの影響を考慮して算定する場合，コンクリートのクリープひずみは弾性ひずみに比例するものとしてよい．この場合，コンクリートの鋼に対する見かけのヤング係数比$n_c = n(1 + \varphi_1)$で算定できる．ここで，φ_1はコンクリートのクリープ係数で，$\varphi_1 = 2.0$を標準とする．

クリープ係数は，環境条件，載荷時のコンクリートの材齢，コンクリートの配合，部材の厚さ，載荷後の経過時間などによって異なるが，ここでは床版コンクリートが大気中にさらされた状態で，コンクリートの強度が 85%の強度（ただし材齢 5 日以上）に達した後に，合成後の死荷重を載荷する場合を標準として定めたものである．一般に，コンクリートの圧縮強度の 40%を超える持続荷重による応力度が作用することはないが，40%を超える場合には別途試験等によりクリープのひずみを定めるものとする．

1.2.4　実設計における収縮，クリープの考え方の整理

本項では，鋼橋の合成桁で考慮される収縮，クリープに着目し，道路橋および鉄道橋の合成桁の設計で考慮される乾燥収縮およびクリープの考え方について記述する．

(1)　道路橋における考え方

道路橋は，道路橋示方書・同解説に基づき設計されている．道路橋示方書・同解説(2017 年(平成 29 年)11

月版）の設計例が少ないこと，断面力の算出方法は異なるが，クリープ係数や最終収縮度の考え方に変更がないことから，ここでは道路橋示方書・同解説（2012 年(平成 24 年)3 月版）[3)]を基に設計された連続合成桁の設計計算書を抜粋して収縮，クリープの考え方を整理する．

まず，道路橋における断面力の算出ケースおよび応力度の組合せケースを**表 1.2.2**，**表 1.2.3** にそれぞれ示す．

合成桁の場合は，道示Ⅱ-11.2.6，11.2.7 に従い，クリープおよび乾燥収縮に伴う床版と鋼桁のひずみ差による曲げモーメント（M）を考慮する．また，連続合成桁の場合には，前述の曲げモーメント（M）のほかに，中間支点上の不静定反力による曲げモーメント（ΔM）を考慮する必要がある．この 2 つを合計した曲げモーメント（M+ΔM）を設計曲げモーメントとする．クリープおよび乾燥収縮によるそれぞれの設計曲げ

表 1.2.2　断面力の算出

	床版の応力状態	有効断面	ヤング係数比
前死荷重	－	鋼桁断面	－
後死荷重 活荷重	圧縮	合成断面	n=7
	引張	鋼断面	-
クリープ 乾燥収縮 温度差	圧縮	合成断面	クリープ　n=14 乾燥収縮　n=21 温度差　n=7
	引張	鋼断面	-

表 1.2.3　応力度の組合せケース

組合せケース			鋼桁		床版	
			正の曲げを受ける部分	負の曲げを受ける部分	コンクリート	鉄筋
1. 施工時荷重	前死荷重		1.25	1.25	－	－
2. クリープと乾燥収縮を除く主荷重	死荷重+活荷重		1.00	1.00	1.00	1.00
3. 主荷重	死荷重+活荷重 －クリープ+乾燥収縮	圧縮縁	1.15	1.00	1.00	1.00
		引張縁	1.00	1.00		
4. 主荷重と温度差の組合せ	死荷重+活荷重－クリープ +乾燥収縮+温度(鋼+)	圧縮縁	1.30	1.15	1.15	1.00
	死荷重+活荷重－クリープ +乾燥収縮+温度(コ+)	引張縁	1.15	1.15		
5. 床版作用と主桁作用の組合せの照査			－	－	1.40	1.20

モーメントの算出方法（例）を表 1.2.4 に示す．クリープの載荷範囲は，合成後死荷重による曲げモーメントが正となる範囲，乾燥収縮は，ひび割れが想定される範囲（支間の 15%としてよい）としている．

クリープ係数ϕ_1は，道路橋におかれる気象状態および合成作用の始まる時期を考慮するとクリープ係数は$\phi_1 = 2.0$としてよいとされている．合成作用の始まる時期は，合成作用の始まる時期をこれまでの実施例をもとにσ_{ck}の 80%が確保される材齢に達した後と決めている．クリープ係数ϕ_2は，収縮が生じるときのコンクリートの材齢は若く，収縮の大部分は早期に終了するため，材齢による補正係数 2 にとり$2\phi_1 = 4.0$としている．以上のことから，断面計算に使用するヤング係数比はクリープで n=14，乾燥収縮で n=21 となる．なお，鉄筋コンクリートの乾燥収縮とクリープ係数の関係について考察された文献[4] によると，自由乾燥収縮量 400×10^{-6}で，クリープ係数$\phi_2 = 4.0$，鉄筋比 p=2.0%の場合，鉄筋コンクリートとしての乾燥収縮量ε_{Φ}は約 28×10^{-5}となると報告されている．

床版ひび割れ幅の照査は，コンクリート標準示方書を用いて算出される．このときに，収縮，クリープを考慮したひずみ量は，コンクリート標準示方書（2017 年制定）で示されている一般的な場合の$\varepsilon_{csd} = 150\times10^{-6}$を根拠として使用しているケースが多い. 2002 年制定コンクリート標準示方書[構造性能照査編] 7.4.4 に準拠して算出した例を示す．なお，2017 年制定コンクリート標準示方書［設計編］では照査方法が見直されている．

表 1.2.4　クリープ，乾燥収縮によるそれぞれの設計曲げモーメントの算出方法(例)

項目	クリープ	乾燥収縮
適用基準	道示Ⅱ-11.2.6	道示Ⅱ-11.2.8
ヤング係数	n=14	n=21
模式図	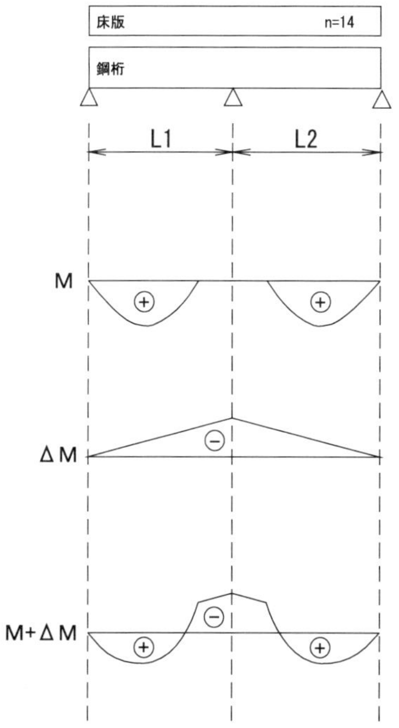 床版 n=14 鋼桁 L1 L2 M ⊕ ⊕ ΔM ⊖ M+ΔM ⊕ ⊖ ⊕	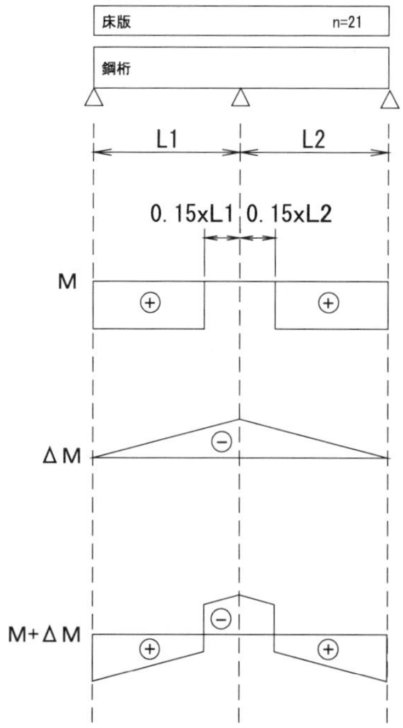 床版 n=21 鋼桁 L1 L2 0.15xL1 0.15xL2 M ⊕ ⊕ ΔM ⊖ M+ΔM ⊕ ⊖ ⊕
備考	《載荷範囲》 合成後死荷重曲げモーメントが正の範囲 《クリープ係数》 $\varphi_1 = 2.0$	《載荷範囲》 0.15L範囲外 《クリープ係数》 $\varphi_2 = 4.0$ 《最終収縮度》 $\varepsilon_s = 20\times10^{-5}$

$$w = k \times \{4 \times C + 0.7(C_s - \phi)\}(\sigma_{se}/E_s + \varepsilon_{csd}) \text{ (mm)} \quad (1.2.16)$$

$$\sigma_{se} = \sigma_s - \beta \times f_{ct}\{1/\rho_s - 1/(\rho_s \times \alpha_{st})\}, \quad \alpha_{st} > 1 \quad (1.2.17)$$

ここに，w　：発生ひび割れ幅（mm）

K　：$1.1 \times k1 \times k2 \times k3 = 1.1 \times 1.000 \times 0.950 \times 1.000 = 1.045$

$k1$　：鋼材の表面形状がひび割れ幅に及ぼす影響を表す係数（＝1.000）

$k2$　：コンクリートの品質が割れ幅に及ぼす影響を表す係数

$$k2 = \frac{15}{f'_c + 20} + 0.7 = \frac{15}{40+20} + 0.7 = 0.950 \quad (1.2.18)$$

$k3$　：引張鉄筋の段数を表す係数

$$k3 = \frac{5(n+2)}{7n+8} = \frac{5*(1+2)}{7*1+8} = 1.000 \quad (1.2.19)$$

n　：引張鋼材の段数（= 1 段）

C　：ひび割れに抵抗する鉄筋の純かぶり（mm）

C_s　：鉄筋の中心間隔（mm）

ϕ　：鉄筋径（mm）

σ_{se}　：テンションスティフニングを考慮した鉄筋平均応力度（N/mm^2）

E_s　：鉄筋のヤング係数（N/mm^2）

ε_{csd}　：コンクリートの収縮，クリープ，付着等の不確定要素を考慮したたわみ量（=150×10^{-6}）

σ_s　：I_f（鋼桁+鉄筋）断面で算出される鉄筋応力度（N/mm^2）

β　：テンションスティフニングによる付着の程度を表す係数(=0.2)

f_{ct}　：コンクリートの有効引張強度(σ_{ck}=40N/mm^2 に対して，f_{ct}=2.5N/mm^2)

ρ_s　：鉄筋比

α_{st}　：（鋼桁+鉄筋断面の$A_f \times I_f$）／（鋼桁断面の$A_s \times I_s$）

表 1.2.5　解析ケース

	支間中央 正曲げ区間	中間支点部 負曲げ区間	摘要
解析 ケース 1	全幅有効 鋼+コンクリート断面	有効幅 鋼－鉄筋※	支間中央部に最大応答値が発生する場合
解析 ケース 2	有効幅 鋼＋コンクリート断面	全幅有効 鋼－コンクリート断面	中間支点部に最大値が発生する場合
解析 ケース 3	有効幅 鋼＋コンクリート断面	有効幅 鋼－コンクリート断面	不静定反力を求める場合 製作そりに用いるたわみ量を算定する場合

※鉄筋本数は、想定しているコンクリート幅内を考慮する.

(2)　鉄道橋における考え方

鉄道構造物に対しては鉄道構造物等設計標準に準拠して設計されている．ここでは，鉄道構造物等設計標準（2009 年(平成 21 年)7 月版）に準拠して設計された連続合成桁の設計計算書を抜粋して収縮，クリープの考え方を整理する．

表 1.2.6　断面剛性の扱い [1)2)]

曲げモーメントの符号	断面の剛性の取扱い		適　用
正	床版のコンクリートを桁の断面に算入する。		
負	引張応力を受ける床版において、コンクリートの断面を考慮する場合	床版のコンクリートを桁の断面に算入する	
	引張応力を受ける床版において、コンクリートの断面を無視する場合	床版中の橋軸方向鉄筋を桁の断面に算入する	

（出典 1：日本道路協会，道路橋示方書・同解説（II 鋼橋・鋼部材編），2017 年 11 月）
（出典 2：鉄道総合技術研究所，鉄道構造物等設計標準・同解説 鋼・合成構造物，2009 年 7 月）

表 1.2.7　作用の組合せ [2)]

要求性能	性能項目	設計作用の組合せ	
安定性	耐荷性	合成前	
		・ $1.0^{*1}D_{IS}+1.1^{*1}D_{Ic}$	照査する
		合成後	
		・ $1.0^{*1}D_{IS}+1.1^{*1}D_{IC}+1.0^{*2}D_2-1.1L+1.1T+1.1C+1.0S_H+1.0C_R+\{L_R\}+\{T\}$	照査する
		・ $1.0^{*1}D_{IS}+1.1^{*1}D_{IC}+1.0^{*2}D_2-1.1L+1.0S_H+1.0C_R+\{L_R\}+\{B\}+\{T\}$	照査する
	安定性	・ $1.0^{*1}D_{IS}+1.1^{*1}D_{IC}+1.0^{*2}D_2-1.1L^{*3}+1.1C^{*3}+1.0S_H+1.0C_R+\{W\}$	検証は省略する
		・ $1.0^{*1}D_{IS}+1.1^{*1}D_{IC}+1.0^{*2}D_2-1.0S_H+1.0C_R+1.2W$	検証は省略する
		・ $1.0D_1+1.0D_2+1.0L+1.0C+1.0E_Q$	検証は省略する
	耐疲労性	・ $1.0D_1+1.0D_2+1.1L+1.1T+1.1C$　（疲労限による照査）	照査する
		・ $D_1+D_2+L+T+C$　（繰返し数を考慮した照査）	照査する
	走行安定性	・ $[D_1+D_2]+L+T+[C]$　（列車荷重による鉛直たわみ）	照査する
使用性	乗り心地	・ $[D_1+D_2]+L+T+[C]$　（列車荷重による鉛直たわみ）	照査する
	外観	・ $D_1+D_2+S_H+C_R-T$	照査する
復旧性	部材の損傷に関する復旧性	・ $D_1+D_2+S_H+D_R-[L_R]+[T]$	※耐荷性による
		・ $D_1+D_2+L+C+S_H+C_R+[L_R]+[L_F]+[W]$	※耐荷性による
		・ $D_1+D_2+L+S_H+C_R+[L_R]+[B]+[T]$	※耐荷性による
	軌道の損傷の関する復旧性	・ $[D_1+D_2]+L+T+[C]$　（列車荷重による鉛直たわみ）	走行安定性による
耐久性	鋼材の耐腐食性	・ $D_1+D_2+S_H+C_R-T$	照査する

D_1 ：　合成前死荷重
　D_{IS}：　鋼桁他
　D_{IC}：　コンクリート床版
D_2 ：　合成後死荷重
L ：　列車荷重
I ：　衝撃荷重
C ：　遠心荷重
L_K ：　ロングレール縦荷重
L_F ：　車両横荷重および車輪横圧荷重
B ：　制動荷重および始動荷重
W ：　風荷重
T ：　温度変化の影響
C_R ：　コンクリートのクリープの影響
S_H ：　コンクリートの収縮の影響
E_Q ：　地震の影響

（出典 2：鉄道総合技術研究所，鉄道構造物等設計標準・同解説 鋼・合成構造物，2009 年 7 月）

表 1.2.8　安全係数[2)]

要求性能 ＼ 安全係数		作用係数 γ_f	構造解析係数 γ_a	材料係数 γ_m 鋼材 γ_s	材料係数 γ_m コンクリート γ_c	材料係数 γ_m 鉄筋 γ_r	部材係数 γ_b	構造物係数 γ_i
安全性	耐荷性,安定性	1.0～1.2 (0.8～1.0)[*1]	1.0 (1.1)[*2]	1.05	1.3	1.0	1.05～1.1	1.05～1.1[*3]
	耐荷性（コンクリート床版）	1.0～1.2 (0.8～1.0)[*1]	1.0	1.05	1.3	1.0	1.1 (1.2～1.3)[*1]	1.0～1.2[*3]
	耐疲労性（鋼桁）	1.0～1.1	1.0	1.0	1.0	1.0	1.0	1.0
	耐疲労性（コンクリート床版）	1.0～1.1	1.0	1.0	1.0	1.05	1.3	1.0～1.1
	走行安全性（常時）	1.0	1.0	(1.0)[*6]	(1.0)[*6]	(1.0)[*6]	1.0	1.0
	走行安全性（地震時）	1.0	1.0	1.5	1.0	1.0	1.0	――
使用性	乗り心地,外観	1.0	1.0	(1.0)[*6]	(1.0)[*6]	(1.0)[*6]	1.0	1.0
復旧性	部材の損傷（常時）	1.0	1.0	1.05	1.3	1.0	1.0 (1.1～1.3)[*7]	1.0
	軌道の損傷（常時）	1.0	1.0	(1.0)[*6]	(1.0)[*6]	(1.0)[*6]	1.0	1.0
	軌道の損傷（地震時）	1.0	1.0	1.05	1.3	1.0	1.0	――
耐久性	耐腐食性[*8]	1.0	1.0	(1.0)[*6]	(1.0)[*6]	(1.0)[*6]	1.0	1.0

（出典 2：鉄道総合技術研究所，鉄道構造物等設計標準・同解説 鋼・合成構造物，2009 年 7 月）

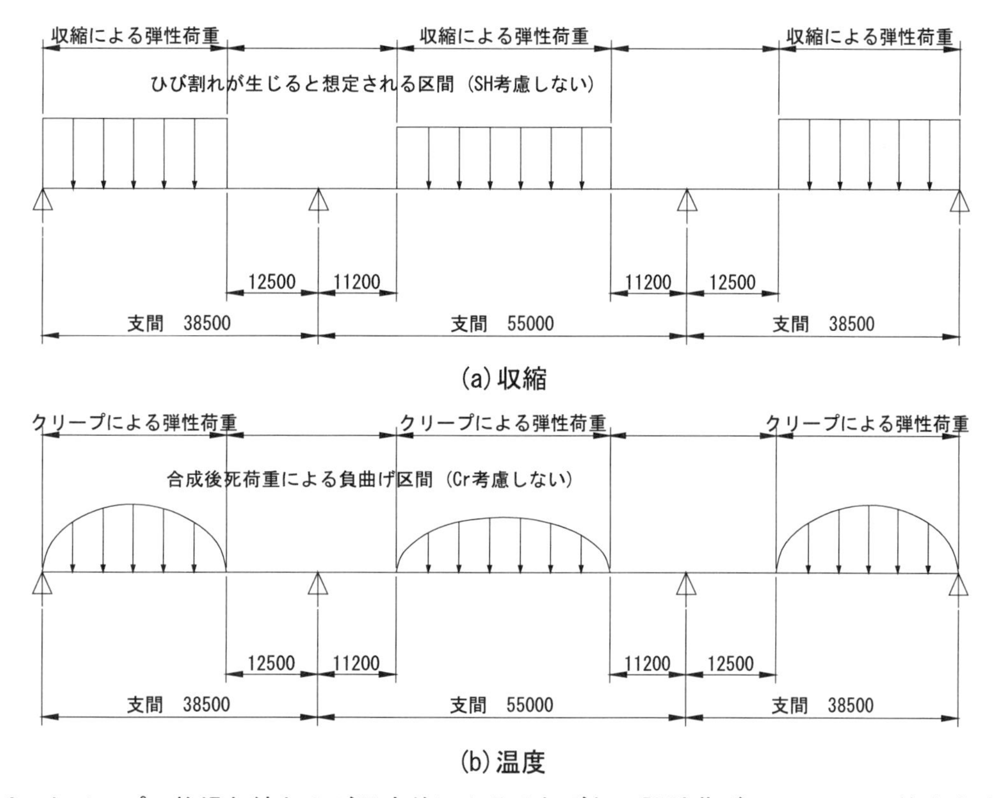

図 1.2.8　クリープ，乾燥収縮および温度差によるそれぞれの設計曲げモーメントの算出方法（例）

設計応答値の算定ケースを**表 1.2.5**，**表 1.2.6** にそれぞれ示す．鉄道橋では，道路橋と異なり，製作そりを考慮したケース３の解析を実施している．作用の組合せと安全係数を**表 1.2.7**, **表 1.2.8** にそれぞれ示す．

クリープおよび収縮における断面力の算出方法について，不静定断面力は，弾性荷重を作用させて共役梁理論によりたわみを算定し，そのたわみが，強制変位として作用した場合の不静定反力に，着目点までの距離を乗じて求めるものとする．なお，不静定断面力算定時の部材の剛度はクリープを考慮しないヤング係数比 n=7 を用いる．クリープ，乾燥収縮および温度差によるそれぞれの設計曲げモーメントの算出方法（例）

を図 1.2.8(a)，図 1.2.8(b)に示す．収縮による弾性荷重は，ひび割れが生じないと考えられる範囲に載荷し，ひび割れが生じると想定される区間を中間支点付近の順引張の範囲と考えている．クリープについては，一定の荷重が持続的に作用することで起こる現象のため，合成後死荷重の正曲げ範囲に載荷する．

不静定力の算定にあたっては以下の要領となる．

①　　コンクリートの収縮の影響

弾性荷重 $= \dfrac{M_{y2}}{E_S \times I_{V2}} = \dfrac{\varepsilon_S \times A_C \times d_2}{n_2 \times I_{V2}}$　(1.2.20)

ここに，n　：鋼とコンクリートのヤング係数比($n = 7$)

$\emptyset_1$　：コンクリートのクリープ係数($\emptyset_1 = 2.0$)

$\emptyset_2$　：収縮時のコンクリートのクリープ係数（$\emptyset_2 = 1.5 \times \emptyset_1 = 3.0$）

ε_s　：収縮時による応力算定に用いる最終収縮度($\varepsilon_s = 0.0002$)

n_2　：材令による補正を行ったクリープを考量したヤング係数比

($n_2 = n \times (1 + \emptyset_2/2) = 17.5$)

A_c　：コンクリートの断面積

dc_2　：コンクリートの断面の中立軸C～n_2を用いて求めた合成断面の中立軸 V までの距離

I_{v2}　：n_2を用いて求めた合成断面の中立軸 V に関する鋼に換算した断面二次モーメント

②コンクリートのクリープの影響

弾性荷重　$q(\mathrm{X}) = M_\varphi/(E_S \times I_{V14}) = N_c \times d_{c14}/(E_s \times I_{V14}) \times \propto$

$= \dfrac{A_c \times d_{c14} \times d_{c7} \times \alpha}{n \times E_s \times I_{V14} \times I_{V7}} \times M_{d2}(X)$　(1.2.21)

ここに，n　：鋼とコンクリートのヤング係数比($n = 7$)

$\emptyset_1$　：コンクリートのクリープ係数($\emptyset_1 = 2.0$)

E_s　：鋼のヤング係数（$E_s = 200{,}000{,}000\, kN/m^2$）

α　：係数（$\alpha = 2\emptyset_1/(2 + \emptyset_1) = 1.0$）

n'　：クリープの影響を考慮する場合のヤング係数比（$n' = n \times (1 + \emptyset_1/2) = 14$）

N_c　：合成後死荷重曲げモーメントによるコンクリートに作用している軸圧縮力

（$N_c = M_{d2} \times d_{c7} \times\ A_c/(n \times I_{v7})$）

A_c　：コンクリートの断面積

$I_{v7}(I_{v14})$：$n(n')$を用いて求めた合成断面の中立軸 V に関する鋼に換算した断面 2 次モーメント

$d_{v7}(d_{v14})$：コンクリート断面の中立軸から(n')を用いて求めた合成断面の中立軸 V までの距離

鉄道構造物等設計標準・同解説（2000 年(平成 12 年)7 月版）では，クリープ係数φ_1は，スラブのコンクリートが大気中にさらされた状態で，コンクリートの強度がf'_{ck}の 85%以上に達した後に合成後の死荷重を載荷する場合を標準として値を定めている．道路橋と比較するとコンクリート強度がある程度確保された時点で合成作用を考慮する点で一致しており，クリープ係数$\varphi_1 = 2.0$は同じである．ただし，強度に対する比率は

80%と 85%で相違する．クリープ係数φ_2は，コンクリートが乾燥収縮を起こし応力が生じると直ちにクリープが起こるので，そのときはコンクリートの強度が低いことを考慮し，従来どおりクリープ係数φ_2は$1.5\varphi_1$としている．道路橋と比較すると，両者ともに弱材齢時のコンクリート強度が低いことを想定しているが値は異なる．断面計算に使用するヤング係数比は，クリープで n=21，乾燥収縮で n=17.5 となっており，両者のコンクリート強度や鉄筋比などの考え方の違いが影響していると思われるが詳細な決定根拠は不明である．

鉄道橋では，製作反りに用いるたわみ量を算出する際に，収縮，クリープのヤング係数比は n=7 が用いられている．なお，道路橋では断面計算と同じ値（ヤング係数比 n=14，21）を使用している．この理由は，鉄道構造物等設計標準・同解説（2009 年(平成 21 年)7 月版）によると，実剛性は二次部材の影響等で一般に計算上の断面剛性より大きく，たわみは大きめに算定されること，また，建設前にコンクリート床版上面を水平にすることが一般的であるため，鋼桁にそりをつけすぎると必要床版厚を確保できなくなる恐れがあることから，一般にはクリープによる影響は考慮しなくてよい．連続合成桁については，施工状況に応じて，コンクリート床版の施工方法，施工順序等を考慮して，鋼桁の反りを設定するのがよいと記載されている．

1.2.2～1.2.4 章の参考文献

1)　日本道路協会：道路橋示方書・同解説（II 鋼橋・鋼部材編），2017.11
2)　鉄道総合技術研究所：鉄道構造物等設計標準・同解説 鋼・合成構造物，2009.7
3)　日本道路協会：道路橋示方書・同解説（II 鋼橋編），2012.3
4)　栗田章光：回復クリープの影響を考慮した鋼・コンクリート合成桁橋の経時挙動に関する研究，大阪市立大学博士論文，pp.39-41，1992.9

（執筆者：山本　将士）

1.2.5　収縮，クリープの影響に関する算定方法の道路・鉄道基準の比較について

クリープの影響・鋼とコンクリート床版の温度差の影響・コンクリートの収縮の影響について，道路橋示方書（2017 年(平成 29 年)版，以下道路橋と示す）の手法とは，一部で鉄道構造物等設計標準・同解説（2009 年(平成 21 年)版，以下鉄道橋と示す）と異なる手法となっている．そこで本項では，両者基準により異なる点を比較し，整理を行う．両基準では，同じ合成桁であっても，解析手法や想定している断面が異なっており，係数値の違いをそのまま各基準に入れ替えて流用できない点に注意されたい．

(1)　クリープ係数の違い

道路橋と鉄道橋の設計に用いるクリープ係数の違いを**表 1.2.9** に示す．いずれもクリープ係数 φ_1には 2.0 を用いているが，コンクリートの収縮の影響を考慮したクリープ係数については，道路橋は $\varphi_2=2\varphi_1$，鉄道橋は $\varphi_2=1.5\varphi_1$ と違いがある．

表 1.2.9　クリープ係数の違い

	道路橋示方書・同解説 II 鋼橋・鋼部材編　2017	鉄道構造物等設計標準・同解説 鋼・合成構造物　2009
クリープの影響	$\varphi_1=2.0$	$\varphi_1=2.0$
収縮の影響	$\varphi_2=2\varphi_1=4.0$	$\varphi_2=1.5\varphi_1=3.0$

(2) ヤング係数比の違い

道路橋と鉄道橋の設計に用いるヤング係数比の違いを**表 1.2.10** に示す．いずれも基本となるヤング係数比 n にはコンクリート強度に関わらず 7 を用いているが，コンクリートの鋼に対する見かけのヤング係数比を求める算出式に違いがあり，見かけのヤング係数比にも違いが生じている．

表 1.2.10　ヤング係数比の違い

	道路橋示方書・同解説 II 鋼橋・鋼部材編　2017	鉄道構造物等設計標準・同解説 鋼・合成構造物　2009
クリープの影響	$n_1 = n \times (1+\varphi_1/2) = 14$	$n_c = n \times (1+\varphi_1) = 21$
収縮の影響	$n_2 = n \times (1+\varphi_2/2) = 21$	$n_\varphi = n \times (1+\varphi_2/2) = 17.5$
温度差の影響	$n = 7$	$n = 7$

注）ここに，道路橋のクリープの影響はコンクリートのクリープによる変化応力度の算出に用いるヤング係数比であり，収縮の影響は収縮により生じる応力度の算出に用いるヤング係数比である．また，鉄道橋のクリープの影響はコンクリートがクリープした場合の応力度の算出に用いるヤング係数比であり，収縮の影響は収縮により生じる応力度の算出に用いるヤング係数比としており，両者設定には差異がある．

注）上記の記述について，鉄道橋では耐力照査による設計法であるが，応力度の算出に使用する場合として表現している．

(3) 応答値の算定

クリープの影響については，道路橋では収縮や温度差の影響と同様に内部応力を算出するが，鉄道橋においては n_c=21 により得られた合成断面の断面定数を用いて合成後死荷重に対する照査を行うことでクリープの影響を考慮したものとしている．

収縮の影響については，道路橋と鉄道橋いずれもコンクリートの最終収縮度は 200×10^{-6} を用いている．温度差の影響については，道路橋では 10℃を考慮しているが，鉄道橋では 10℃を基本としているが温度差の影響が従たる場合は低減してよいものとし 5℃を用いている．

1.2.5 章の参考文献

1) 日本道路協会：道路橋示方書・同解説（II 鋼橋・鋼部材編），2017.11
2) 鉄道総合技術研究所：鉄道構造物等設計標準・同解説　鋼・合成構造物，2009.7

（執筆者：久保武明，谷口　望）

1.2.6　複合構造物に使用されているずれ止めの事例

鋼とコンクリートよりなる複合構造物の収縮，クリープの影響は，コンクリートに生じた変化が，鋼部材に伝達することにより生じる．複合構造物における鋼とコンクリートは，非合成の構造物であっても，何らかのずれ止め構造によって接合されているのが一般的であり，これらずれ止めにはいくつかの種類がある．ずれ止め構造の種類によっては，収縮，クリープの影響が変化する可能性もあり，今後詳細な検討を行う必要性も考えらえる．ここでは，複合構造物に使用されているずれ止めの事例を紹介する．

(1) 道路用非合成桁に対するコンクリート床版

非合成として挙動する場合，剥離防止等を目的にせん断耐力を算出することなく，一般的にスラブアンカー（ひげ鉄筋）を使用する事例が多い．この構造は，丸鋼や平鋼等を溶接により主桁上フランジに取り付けており，現場にてコンクリート床版を打ち込む前に45度に曲げ上げる．

(a)全景

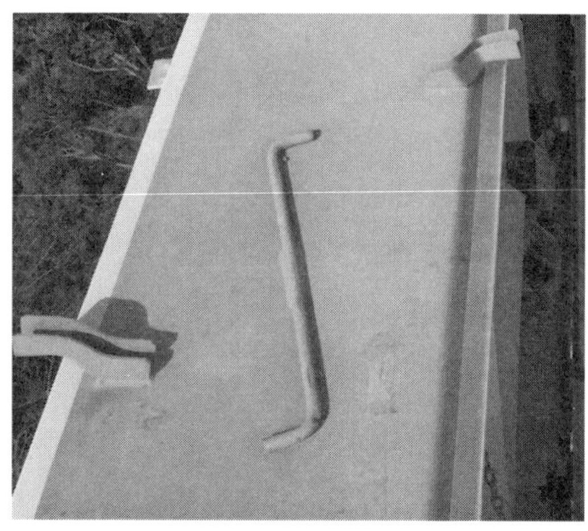

(b)スラブアンカー拡大

図 1.2.9 スラブアンカー設置状況

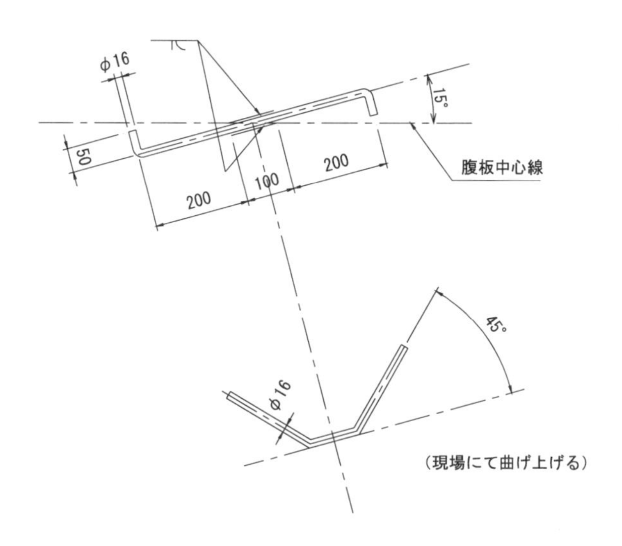

図 1.2.10 スラブアンカー詳細図

(2) 鉄道用非合成桁に対するコンクリート床版

鉄道構造物の場合，非合成として挙動する場合，剥離防止等を目的にせん断耐力を算出することなく，一般的に柔ジベルを使用する事例が多い．この構造は，H形鋼を鋼床版に溶接で取り付け，せん断方向に発泡スチロールを設置する．

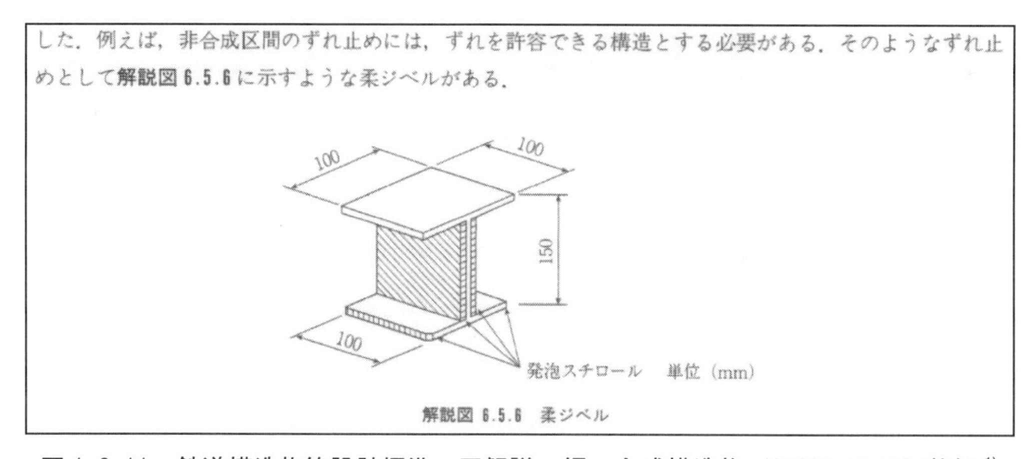
した．例えば，非合成区間のずれ止めには，ずれを許容できる構造とする必要がある．そのようなずれ止めとして**解説図 6.5.6** に示すような柔ジベルがある．

解説図 6.5.6　柔ジベル

図 1.2.11　鉄道構造物等設計標準・同解説　鋼・合成構造物（2009）での記載例 [1)]

（出典 1：鉄道総合技術研究所，鉄道構造物等設計標準・同解説 鋼・合成構造物，2009 年 7 月）

図 1.2.12　実際の柔ジベル（発泡スチロール設置前）

(3)　道路橋合成桁のコンクリート床版

道路橋では頭付きスタッドが使用されることが多い．

図 1.2.13　頭付きスタッド

(4)　鉄道橋合成桁のコンクリート床版

鉄道橋，特に新幹線構造物における連続合成桁では，道路橋とは異なり，馬蹄形ジベル（ブロックジベル）

や孔あき鋼板ジベル（PBL）が使用されている．両ずれ止めの使い分けについては，合成桁の正曲げ部は馬蹄形ジベル，負曲げ部は孔あき鋼板ジベルが，一般的に使用されている事例が多い．

図 1.2.14　正曲げ部（頭付きスタッドは主桁間の浮き上がり防止で設置しており耐力設計外）

図 1.2.15　正曲げ部（頭付きスタッドは主桁間の浮き上がり防止で設置しており耐力設計外）

図 1.2.16　負曲げ部（柔ジベルは主桁間の浮き上がり防止で設置しており耐力設計外）

図 1.2.17　負曲げ部（柔ジベルは主桁間の浮き上がり防止で設置しており耐力設計外）

図 1.2.18　正曲げ域と負曲げ域の境界部

(5) 鉄道橋合成トラス橋のコンクリート床版

鉄道橋で使用される合成トラス構造では，鋼（弦材）とコンクリート床版を合成する目的で，孔あき鋼板ジベル（PBL）が使用される事例がある．

図 1.2.19　下弦材側面に設けられた孔あき鋼板ジベル

図 1.2.20　床版打ち込み後

（執筆者：谷口　望）

1.2.7　合成構造における収縮，クリープに影響を与えると考えられる様々な課題

(1) 合成桁の床版中の配筋について [2),3),4)]

1973 年(昭和 48 年)に規定された道路橋示方書・同解説（II 鋼橋編）では，引張を受ける合成桁のコンクリート床版には，鉄筋比を 2%とすることのほか，目標値として周長率（鉄筋の周長の総和とコンクリート断面積の比）を 0.0045mm/mm^2 と設定しており，現在まで用いられているケースがある．この設定はこの規定を策定した当時に行われた模型実験の適用範囲から決定しているとされている．しかし，実際の連続合成桁の設定では，かぶりや鉄筋間隔などの関係から，この周長率の規定を満足するのは困難であるとの報告もある．この規定の意味としては，有害なひび割れを防止するために，床版中にはある程度の細かな鉄筋を配置する必要があるという目的であると推測できるが，0.0045 という数値には明確な限界値であるとは考えにくく，根拠があいまいである．また，床版中鉄筋をできるだけ細かく配置するという思想には，生じるひび割れについて懸念されているが，収縮やクリープの挙動についても影響を受けるはずであり，従来の合成桁の収縮，クリープの設計方針にも影響を与える可能性がある．この鉄筋比や周長率などの規定を実験などで緩和する場合，外力によるひび割れの影響だけでなく，収縮，クリープについても影響を確認すべきであると言える．

この周長率が設定困難であるという規定に関して，床版中鉄筋の配置層数についても課題がある．日本国内では，合成桁の床版中鉄筋は，一般的に 2 層とされている．しかし，DIN などの海外の基準を見ると，3 層以上の配筋に関する規定がみられることから，床版中鉄筋の配置層数についても検討を行う必要がある．もし，3 層以上の鉄筋を配置することができれば，床版中により細かに多くの本数を配筋することが可能になり，周長率の規定を満足することが容易になると考えらえる．したがって，3 層以上の床版中鉄筋の配置については，収縮，クリープへの影響を確認しつつ，適用について検討を行うべきであると言える．

(2) 合成構造における鋼材とコンクリートの断面積比

鋼橋の経済性を向上する策として，鋼重を低減させる手法がとられるケースがある．また，橋梁のスパンを長くすることにより，下部工の省略をねらうケースもある．これらを両立させる手段として，従来の鋼構造物にコンクリート構造を合成させる合成構造がしばしば提案される．この比較的新しい構造の事例としては，SRC床版合成トラス橋や合成トラスドローゼ橋がある．**図1.2.21**に，SRC床版合成トラス橋の例[5),6)]を，**図1.2.22**に，合成トラスドローゼ橋の例[7),8)]を示す．

また，従来から用いられている合成桁においても，長スパン化をねらうものがあるが，この場合，前死荷重となるコンクリートの重量を極力小さくとるために，コンクリート床版の形状をあまり変化させずに，鋼桁の断面を大きくとるケースが見られる．

これらの構造においても，コンクリートの収縮，クリープは生じるはずであり，従来から使用されている設計手法で従来構造と同様に算出されている．しかし，このような構造では，鋼材とコンクリートの断面積の比率が，従来構造とは大きく異なっていることが想像できる．つまり，鋼材の断面積が圧倒的に大きくなった場合，収縮やクリープについて，従来のいわゆる簡略化して考慮する手法が適用できるかどうか疑問である．現在使用されている設計基準類においても，この鋼材とコンクリートの断面積比率について明確な適用範囲について規定されているものはほとんどないと考えられる．よって，鋼材とコンクリートの断面積比

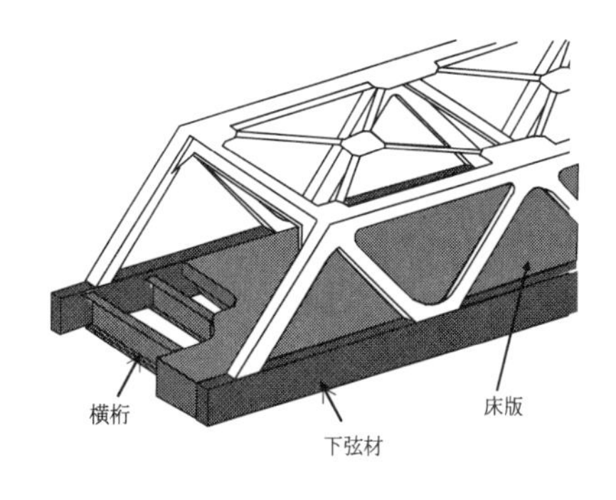

図1.2.21　SRC床版合成トラス橋の例[5), 6)]

（出典5：矢島秀治ほか，SRC床組床版構造の鋼鉄道下路トラスへの適用に関する実験的研究，土木学会論文集，No.731/I-63，pp.283-298，2003 年 4 月）

（出典6：谷口望ほか，SRC合成床版を用いた下路トラス橋の設計手法の関する研究，第6回複合構造の活用に関するシンポジウム，No.(3)，土木学会，2005 年 11 月）

図1.2.22　合成トラスドローゼ橋の例[7), 8)]

（出典7：橋本国太郎ほか，SRC構造を有する合成トラスドローゼ橋の温度変化挙動，構造工学論文 Vol.61A，pp.816-828，2015 年 3 月）

（出典8：藤原良憲ほか，鋼鉄道下路トラスドローゼ桁のコンクリート床版の乾燥収縮挙動に関する測定，第63回土木学会年次学術講演会講演概要集，pp.101-102，土木学会，2008 年 9 月）

の適用範囲や，収縮，クリープに対する影響については，検討課題であると言える．

(3)　鉄道用合成桁における製作反り（キャンバー）

鉄道用橋梁では，軌道設置における管理値が厳格であるため，製作反りに関する規定が重要であるとされている．鉄道用合成桁の製作反りにおいては，2000年(平成12年)版の旧・鉄道構造物等設計標準・同解説においては，製作反り算定時に使用する断面二次モーメントにはクリープを考慮する（つまりヤング係数比にクリープを考慮する）ことが規定されていた．しかし，2009年(平成21年)版の現行の鉄道構造物等設計標準・同解説では，クリープの影響を考慮するとあるものの設計上の剛性が実剛性より小さめに算定されていることなどから，クリープの影響を考慮しなくてもよいこととなっている．これは，鉄道用合成桁の施工実績において製作反りが大きくなりすぎる傾向が出たための改善処置と考えられる．一方で，製作反りの算定時には，クリープの影響を無視して設計していることになり，クリープの影響は設計時よりもかなり小さいとも受け取れ，クリープの影響については明確になっていないのが現状であると言える．

また，設計計算時の製作反りが正しい値であったかについては，架設直後のしゅん工検査で計測されることが多い．この点からの，長期により変動するはずである収縮，クリープの影響が，架設直後に計測した結果と一致することは理論上難しいと考えられ，製作反りの算定方法にも検討が必要であると言える．

(4)　合成構造のコンクリートに用いられる鋼繊維，膨張材の影響について

合成構造にひび割れを許容するコンクリートに，有害なひび割れの低減を目的として，鋼繊維や膨張材が用いられることがある．この鋼繊維や膨張材は，鉄道における合成構造物で多く用いられている[9)][10)]．この鋼繊維はひび割れ分散性に，膨張材はコンクリートの収縮量が低減しひび割れ幅が低減する，というそれぞれの効果は実験的にわかっているが，設計上に考慮されているケースは少ない．つまり，設計上はこれらの効果を考慮しない状態でも満足しているものに対して，安全代として用いられている．

鋼繊維や膨張材の効果を収縮，クリープの設計に明確に盛り込むことができれば，より合理的な設計が可能になるはずであり，今後の検討課題であると言える．

1.2.6～1.2.7章の参考文献

1) 鉄道総合技術研究所：鉄道構造物等設計標準・同解説　鋼・合成構造物，2009.7
2) 国土技術政策総合研究所，プレストレスト・コンクリート建設業協会，日本橋梁建設協会：道路橋の技術評価手法に関する研究-新技術評価のガイドライン（案）-，国土技術政策総合研究所資料　共同研究報告書，国総研資料第609号，ISSN1346-73.18，2010.9
3) 梶田順一，高龍，川平英史，西川貴志，高橋眞太郎，小菅匠，倉方慶夫：鋼連続合成桁の設計におけるいくつかの問題，新日本技研・技術報告，2011.3
4) 栗田章光：DIN-技術報告104（合成橋梁）にみられる種々の特徴，川田技法Vol.22，2003
5) 矢島秀治，市川篤司，村田清満，北園茂喜：SRC床組床版構造の鋼鉄道下路トラスへの適用に関する実験的研究，土木学会論文集，No.731/I-63，pp.283-298，2003.4
6) 谷口望，相原修司，池田学，武安直喜，矢島秀治：SRC合成床版を用いた下路トラス橋の設計手法の関する研究，第6回複合構造の活用に関するシンポジウム，No.(3)，土木学会，2005.11
7) 橋本国太郎，奥村駿，杉浦邦征，谷口望，藤原良憲：SRC構造を有する合成トラスドローゼ橋の温度変化挙動，構造工学論文Vol.61A，pp.816-828，2015.3
8) 藤原良憲，佐々木満範，木下哲龍，重田光則，中原正人，谷口望，池田学：鋼鉄道下路トラスドローゼ桁のコンクリート床版の乾燥収縮挙動に関する測定，第63回土木学会年次学術講演会講演概要集，

pp.101-102，2008.9
9) 藤原良憲，谷口望，池田学，福岡寛記：連続合成桁における床版コンクリート施工時の桁挙動の測定，構造工学論文集 Vol.54A，2008.3
10) 藤原良憲，重田光則，中原正人，谷口望，池田学：鉄道下路トラスドローゼ桁の床版コンクリートに関する実橋測定，鋼構造年次論文報告集，17 巻，pp.219-226，2009.11

（執筆者：谷口　望）

1.3 収縮に起因すると思われる構造物の損傷事例

本項では，主に収縮に起因すると想定される，構造物の損傷事例について報告し，損傷を防止するために考慮すべき点などをまとめる．

1.3.1 乾燥収縮ひずみにより変状が生じた構造物と拡散理論に基づく乾燥収縮解析

(1) 変状の事例

PC（プレストレストコンクリート）構造物は，使用状態でのひび割れを許容せず耐久性に優れるが，2003

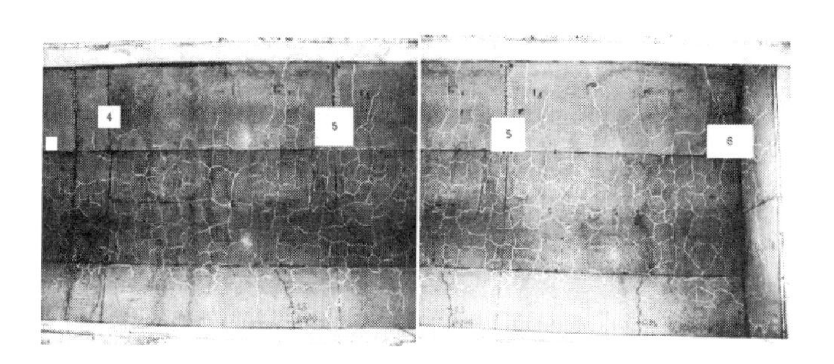

(a) J橋（プレビーム桁橋）の床版下面

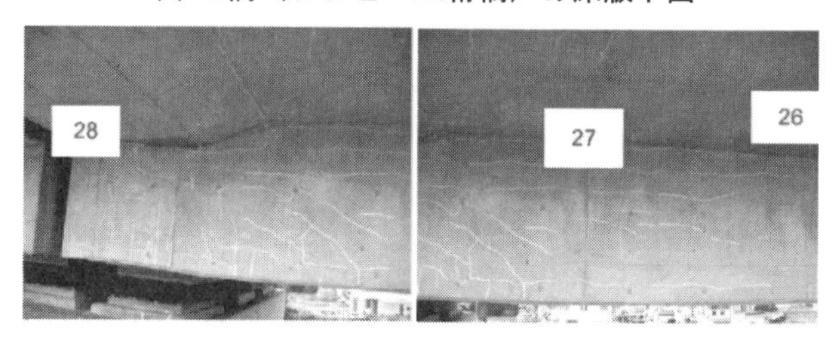

(b) Y橋（PC箱桁橋）のウェブ側面

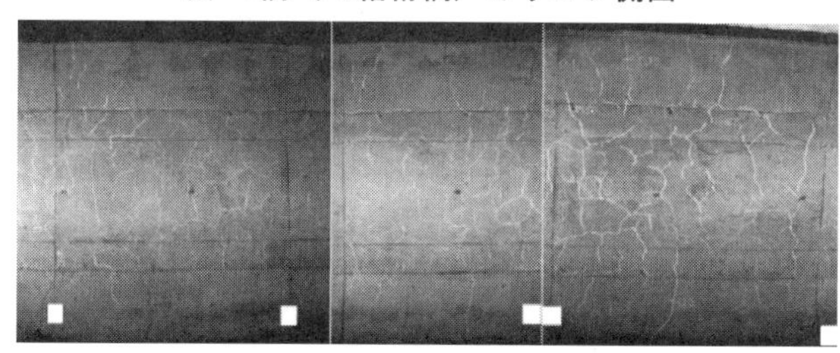

(c) U橋（プレビーム桁橋）の床版下面

(d) YH橋（PC箱桁橋）損傷部の剥落対策

(e) J橋（プレビーム桁橋）のRC橋脚

図 1.3.1　近畿地方の橋梁群に生じたひび割れによる損傷事例 [2)]

（出典 2：土木学会，第二阪和国道の橋梁損傷対策検討特別委員会報告書，土木学会，2010 年 3 月）

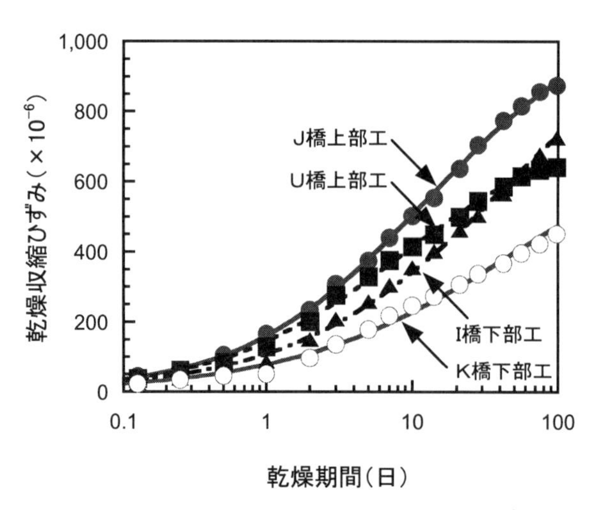

図 1. 3. 2　乾燥収縮ひずみの測定結果 [3)]

（出典 3：小林仁ほか，乾燥収縮ひずみにより変状が生じた構造物と拡散理論に基づく乾燥収縮解析，土木学会論文集 E2，Vol. 69，No. 4，pp.390-401 土木学会，2010 年 11 年）

年ごろから近畿地方のいくつかの PC 上部工に，完成後の比較的早い段階で予期せぬひび割れが発生し問題となった（**図 1. 3. 1**）[1), 2)]．各種検討により，ひび割れにはコンクリートの大きな乾燥収縮ひずみが関係している可能性の高いことが明らかになった．

図 1. 3. 2 は，**図 1. 3. 1** に示す橋梁群より採取した 3 本のコアによる乾燥収縮ひずみの平均値の経時変化を示したものである[3)]．コアの採取位置は，上部工は表面から約 300mm，下部工は約 600mm の位置である．

表 1. 3. 1　変状が問題になった当時の学協会や発注者の対応・取組

	対応	内容
土木学会	2007 年「コンクリート標準示方書」の改訂	「設計では収縮ひずみの最終値として 1,200×10⁻⁶ 程度を想定する．」
	2010 年 「コンクリート委員会 示方書改訂小委員会 収縮ケーススタディ作業部会」	収縮ひずみが大きいコンクリートを現行の基準類に則って設計すればどうなるかというケーススタディを行ったもの．コンクリート標準示方書より道路橋示方書の方が厳しくなるケースがあることも分かった．
日本建築学会	2006 年 「鉄筋コンクリート造建築物の収縮ひび割れ制御設計・施工指針（案）・同解説」発刊	「使用するコンクリートの収縮ひずみは 800×10⁻⁶ 以下を標準とする．」
	2009 年 「建築工事標準仕様書・同解説」（JASS5）改訂	「計画供用期間の級が長期または超長期のコンクリートについて，乾燥収縮率（ひずみ）を 8×10⁻⁴ 以下とする．」
近畿地方整備局	2010 年 「コンクリート橋梁におけるひび割れ防止対策について」事務連絡	・PC 上部工（設計基準強度 30N/mm² 以上）に JIS 長さ変化試験の実施を義務付ける． ・乾燥収縮ひずみの上限値は 1,000 μ とする． ・26 週での試験値が 8×10⁻⁴ を上回る場合，コンクリートの圧縮強度が呼び強度の 1.5 倍以内である条件下において，ヤング係数の基準値が標準値の 80%以上であれば，設計・施工上の特別な配慮を行うことで当該コンクリートを使用できる．
日本コンクリート工学協会（近畿支部）	2008 年 「性能評価型コンクリートに関する調査研究委員会 －乾燥収縮および収縮ひび割れ－」	将来，性能評価型コンクリートの要求性能として乾燥収縮が求められる場合を想定し，コンクリートの材料，製造，構造設計，施工，監理，発注までの現状を調査した．
日本コンクリート工学協会	2009 年，2010 年 「コンクリートの収縮問題検討委員会」	JASS5 規定の誤った運用への危機感から，土木，建築，生コン，骨材等の各関係業界の代表者で組織され，収縮低減の具体的な対策について整理を行った．

乾燥期間98日における乾燥収縮ひずみの大きさは，K橋の下部工，U橋の上部工，J橋の上部工およびI橋の下部工で，それぞれ，451×10^{-6}，643×10^{-6}，875×10^{-6}および725×10^{-6}であった．K橋の下部工を除き，大きな乾燥収縮ひずみを示したU橋上部工，J橋上部工，I橋下部工のコンクリートには，同一産地の粗骨材（硬質砂岩砕石）が使用されている．特にJ橋の上部工は，施工から7年が経過し，乾燥が進みやすい躯体の表面近くから採取したコアであるにも関わらず，乾燥収縮ひずみは900×10^{-6}に近い大きな値を示した．

（2） 関係諸機関による対応

こうした乾燥収縮による変状に対し，当時，学協会や発注者でなされた対応や取組を**表1.3.1**に示す．これらの取組によって，全国の生コン工場で粗骨材を石灰石砕石に入替える等の動きが盛んとなり，現在では橋梁等の重要構造物に乾燥収縮ひずみが原因と考えられる変状が報告されることは少なくなった．

（3） 拡散理論に基づく乾燥収縮解析

図1.3.1に示した，コンクリートの大きな乾燥収縮ひずみが原因で変状が生じたと考えられるYH橋を対象に解析を行った．**図1.3.4**は，**図1.3.3**に施工区分Step.3として示す部分で，Step.1の押出し施工部と，Step.2の支保工施工部とを場所打ちで連結した部分である．こうした連結部は，自身の橋軸直角方向の収縮を先行施工された部分が拘束するため，通常は外部拘束応力により橋軸方向のひび割れが卓越する．しかし，連結部には**図1.3.4**に示すとおり，方向性の定まらないひび割れも散見されることから，変状を再現するためには内部拘束応力の影響も考慮する必要があると判断される．

乾燥収縮による内部拘束は，部材内部から表面，表面から大気中への水分の移動によって，部材の厚さ方向で湿度分布（＝乾燥収縮の進行度）が異なることにより生じる．温度応力解析では，部材の厚さ方向の熱の移動を取り扱うが，水分の移動も熱と同じ拡散現象であり，市販ソフトを用いて検討を行うことができる．使用するパラメータ等の詳細は，文献3)，4）に詳しいため，ここでは解析結果のみを報告する．

図1.3.5，**図1.3.6**は，**図1.3.7**に示す連結部A点に生じる応力の経時変化を示している．ともに，**図1.3.3**に示す同じ3次元モデルを用いているが，**図1.3.5**の解析は，全ての要素に同じ乾燥収縮ひずみを与えるもので，内部拘束は考慮していない．このため，橋軸方向に生じる応力は小さく，橋軸直角方向にひび割れが生じない結果となっている．また，橋軸直角方向に生じる最大応力も2.6N/mm²程度であり，クリープによる応力緩和を考慮すると，橋軸方向にひび割れを生じさせるに十分なオーダーとは言いがたい．

一方，**図1.3.6**は水分移動解析によるもので，各要素にはコンクリート表面からの距離に応じ異なった乾

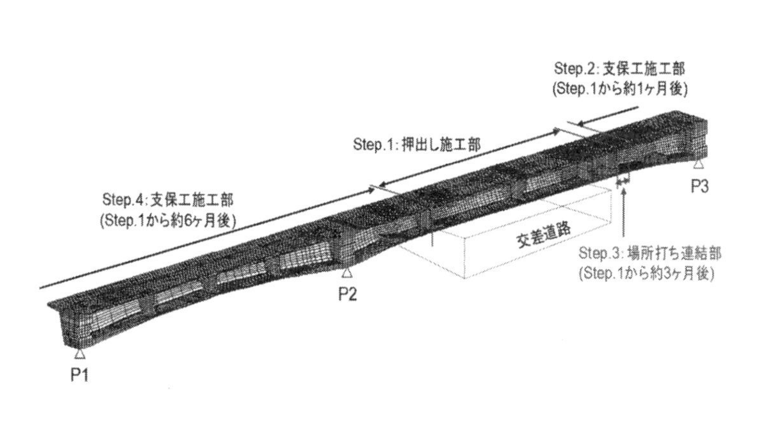

図1.3.3　YH橋のモデル[3)]

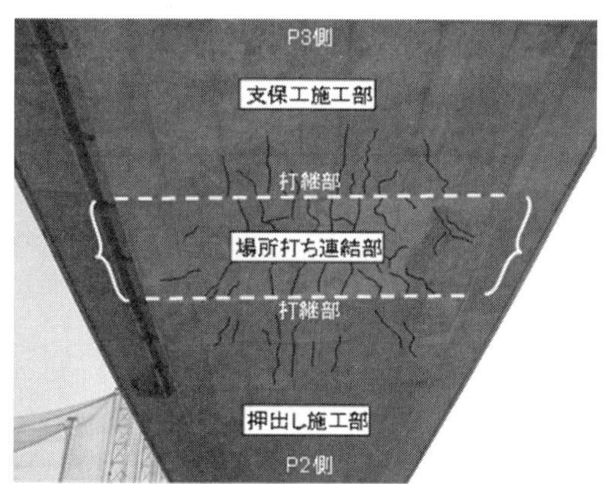

図1.3.4　YH橋における変状の状況[3)]

（出典3：小林仁ほか，乾燥収縮ひずみにより変状が生じた構造物と拡散理論に基づく乾燥収縮解析，土木学会論文集E2，Vol. 69，No. 4，pp.390-401 土木学会，2010年 11年）

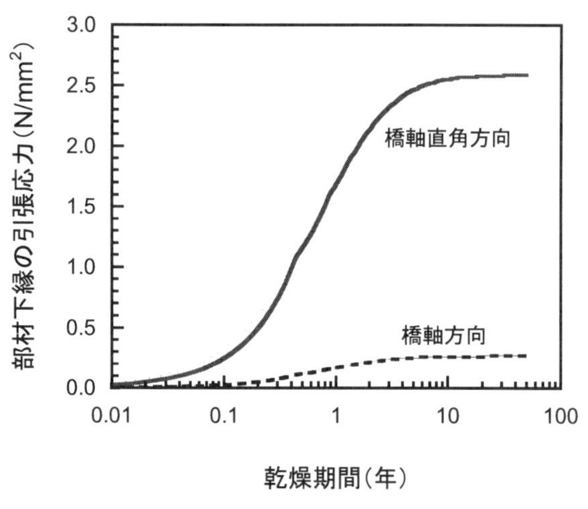

図1.3.5　連結部A点の応力の経時変化[3)]
(標準的な解析：部材厚さ方向で乾燥収縮ひずみが同じ)

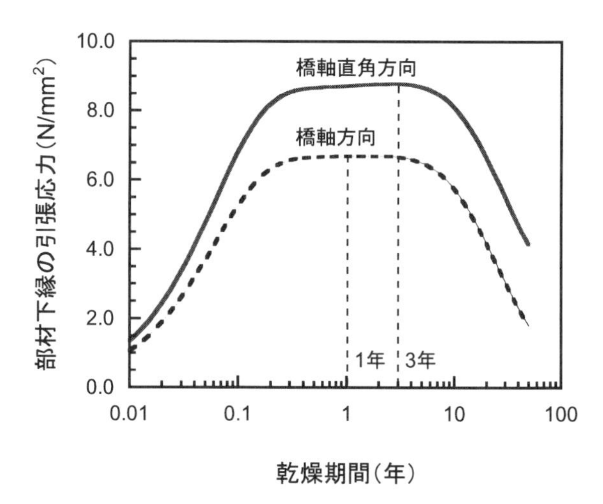

図1.3.6　連結部A点の応力の経時変化[3)]
(水分移動解析：部材厚さ方向で収縮ひずみが異なる)

(出典3：小林仁ほか，乾燥収縮ひずみにより変状が生じた構造物と拡散理論に基づく乾燥収縮解析，土木学会論文集 E2，Vol. 69，No. 4，pp.390-401 土木学会，2010 年 11 年)

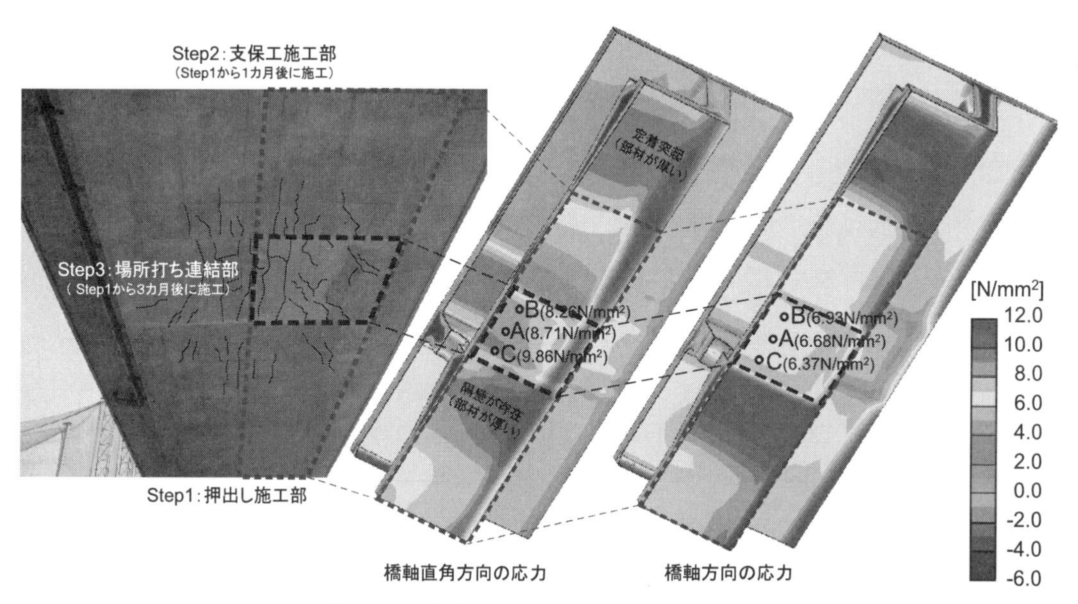

図1.3.7　水分移動解析による応力分布（乾燥期間1年）[3)]

(出典3：小林仁ほか，乾燥収縮ひずみにより変状が生じた構造物と拡散理論に基づく乾燥収縮解析，土木学会論文集 E2，Vol. 69，No. 4，pp.390-401，土木学会，2010 年 11 年)

燥収縮ひずみが与えられている．**図 1.3.6**，**図 1.3.7** によると，橋軸方向，橋軸直角方向ともに大きな引張応力が生じており，変状の再現性が高い．さらに，**図 1.3.7** によると，連結部の前後，特に押出し施工部側に高い応力が生じていることが分かる．ここには部材連結のためマッシブな隔壁が存在しており，応力は内部拘束によるものと判断されるが，**図 1.3.4** を見ると連結部の前後にひび割れの発生が認められる．

さらに，乾燥収縮そのものは進行しても，各要素の乾燥収縮ひずみが均衡してくると，内部拘束応力は減少していく（**図 1.3.8**）．水分移動解析では，こうした応力の経時変化やピーク応力の発生時期を正しく表現できるため，実用性が高いといえる．

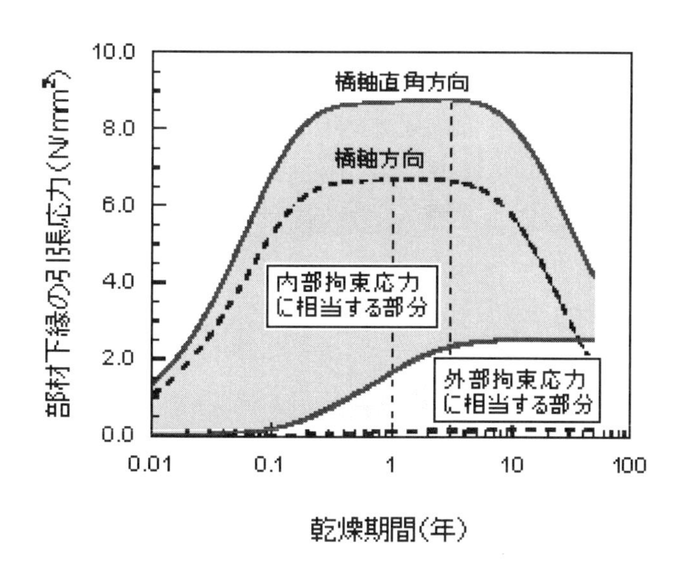

図1.3.8　連結部A点の応力の経時変化[5)]（図1.3.6と図1.3.7を合わせたもの）
（出典5：小林仁，乾燥収縮がプレストレストコンクリート橋に与える影響と拡散理論に基づく収縮ひずみの予測手法に関する研究，京都大学博士論文，pp.130，2014 年）

(4)　まとめ

コンクリートの乾燥収縮は，使用する粗骨材の選別や，膨張材等の混和材料の添加により，一定の制限値以下とする対策が行われてきた．しかし，構造特性や着目する部位，環境条件を考慮し，予想される収縮ひずみに応じて性能照査を行うことが本来望ましい．こうした設計的対応を行う場合に，ひび割れの発生部位，発生時期を正しく予測することが可能な，拡散理論に基づく水分移動解析は有益なツールであると考えられる．

1.3.1章の参考文献

1)　土木学会：垂井高架橋損傷対策特別委員会　中間報告書，2005.9
2)　土木学会：第二阪和国道の橋梁損傷対策検討特別委員会報告書，2010.3
3)　小林仁，先本勉，藤井隆史，綾野克紀，宮川豊章：乾燥収縮ひずみにより変状が生じた構造物と拡散理論に基づく乾燥収縮解析，土木学会論文集 E2，Vol. 69，No. 4，pp.390-401，2013.11
4)　綾野克紀，阪田憲次，F. H. WITTMANN：コンクリート中の水分分布の変化に伴う変形挙動とその数値解析のための諸係数の決定方法の提案，土木学会論文集，No.634/V-45，pp.387-401，1999.11
5)　小林仁：乾燥収縮がプレストレストコンクリート橋に与える影響と拡散理論に基づく収縮ひずみの予測手法に関する研究，京都大学博士論文，pp.130，2014

（執筆者：小林　仁）

1.3.2　50径間連続ラーメン高架橋における乾燥収縮・温度の影響による検討事例

(1)　概要

1970年代半ばころ，高架橋を半無限長にする研究[1), 2)]が行われた．半無限連続高架橋の発想は，ロングレールの理論が高架橋にも適用できるはずであるという考え方から出発している．ロングレールは，長さが

200m 以上のレールで，温度変化による挙動が両端部のある一定区間にのみ伸縮が起こり，中間の大部分は完全に拘束されるというものである．超多径間連続高架橋を考えると，中央から両端部に向かうに従って，温度変化および乾燥収縮による脚柱上端の変位量は次第に増大し，反力も大きくなり，その合計力として上層はりに対する拘束も強大となるので，ある径間数以上になれば,中央部において上層はりは完全に拘束されて伸縮せず，高架橋の両最終端部における伸縮量も，無拘束の場合よりはるかに小さいある一定値に収まるであろうという考え方である．

種々の検討の結果，50 径間連続ラーメン高架橋が 1981 年に完成[3), 4)]した．**図 1.3.9** に，50 径間連続ラーメン高架橋の一般図を示す．50 径間連続ラーメン高架橋の構造的特徴として，高架橋中央付近の領域では拘束応力が作用するため，上層梁は I 型断面の鋼材が配置された SRC 構造，他の上層梁と柱部材が RC 構造の混合構造となっている．

ここでは，50 径間連続の混合構造である鉄道用ラーメン高架橋と取り上げ，乾燥収縮の影響を軽減するための施工方法，ひび割れなどの現況について述べる．

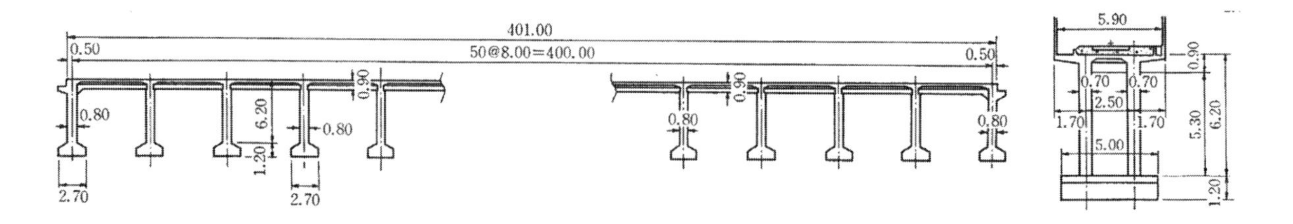

図 1.3.9　50 径間連続ラーメン高架橋の一般形状[4)]

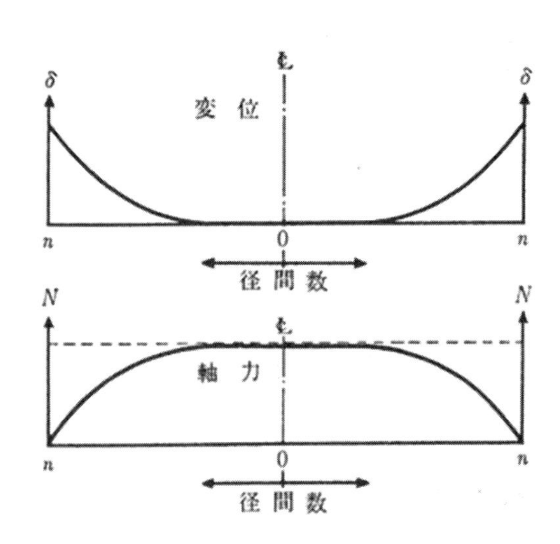

図 1.3.10　温度変化時の変形・軸力発生のイメージ[4)]

（出典 4：大平拓也ほか，50 径間連続 RC ラーメン高架橋の設計・施工－阿佐線・赤野高架橋－，コンクリート工学，Vol.21，No.6，日本コンクリート工学会，1983 年 6 年）

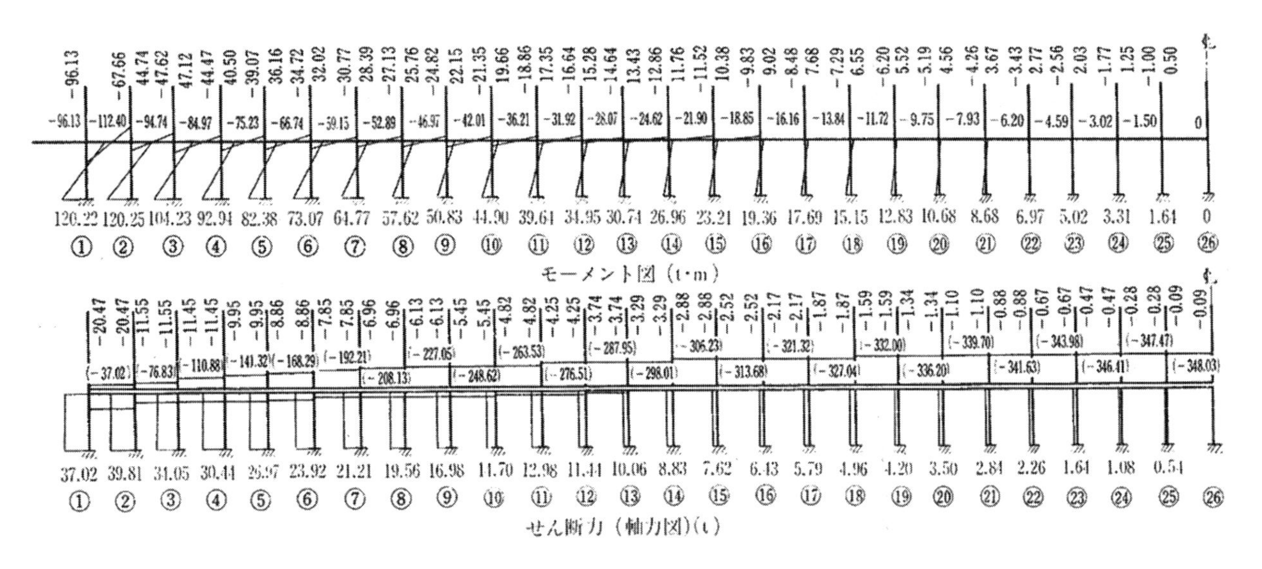

図 1.3.11　温度変化（−10℃）+乾燥収縮の影響（5×10⁻⁵）時で柱下端固定とした場合の断面力図 4)

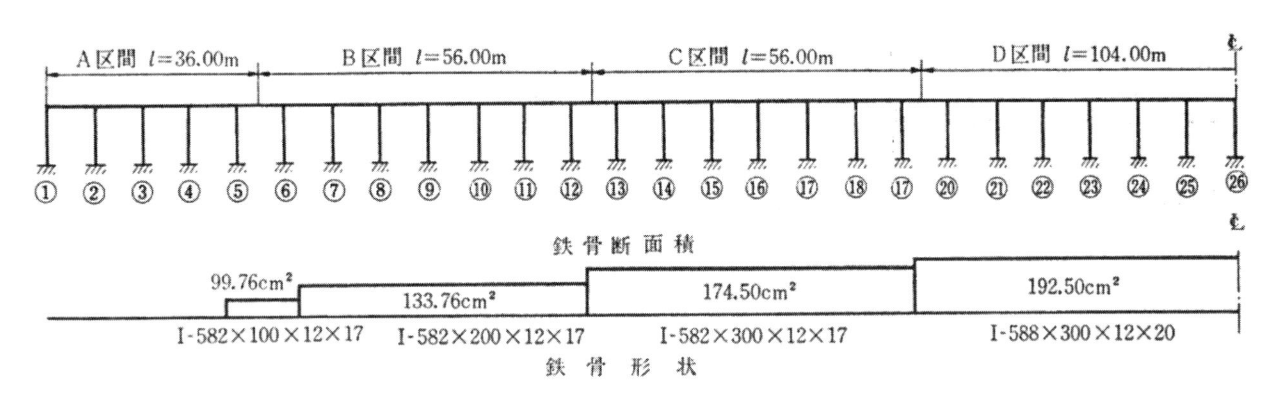

図 1.3.12　設計上の区間割および上層はりの鉄骨断面 4)

表 1.3.2　区間別断面構成および設計結果の応力度 4)

区間		A		B		C		D	
部材		はり	柱	はり	柱	はり	柱	はり	柱
断面構成		14-D32 900 8-D32 700	12-D32 800 12-D32 700	10-D32 900 6-D32 700 I-582×100×12×17 I-582×200×12×17	8-D32 800 8-D32 700	6-D32 900 6-D32 700 I-582×300 ×12×17	6-D29 800 6-D29 700	6-D32 900 6-D32 700 I-588×300 ×12×20	6-D25 800 6-D25 700
断面力	M t·m	−120.72	116.31	−76.22	77.67	−64.26	55.85	−63.08	40.88
	N t	− 27.07	41.85	−227.28	34.57	−271.43	34.39	−285.02	34.32
応力度	σ_{ss} kg/m²	——	——	1 710	——	1 710	——	1 710	——
	σ_{sr} kg/m²	1 685	1 877	1 665	1 722	1 664	1 839	1 525	1 538
	σ_c kg/m²	84.7	107.5	66.4	83.9	54.3	74.2	49.8	62.2
荷重状態		死+列+ロ+制+温・乾	死+地+温・乾	死+列+ロ+制+温・乾	死+地+温・乾	死+列+ロ+制+温・乾	死+地+温・乾	死+列+ロ+制+温・乾	死+地+温・乾

注）許容応力度；σ_{ssa}=1 710 kg/cm²，σ_{sra}=はり 1 800，柱 2 000 kg/cm²，σ_{ca}=A区間110 kg/cm²，B〜D区間90kg/cm²

（出典4：大平拓也ほか，50径間連続RCラーメン高架橋の設計・施工−阿佐線・赤野高架橋−，コンクリート工学，Vol.21，No.6，日本コンクリート工学会，1983 年 6 年）

(2)　50径間連続ラーメン高架橋の基本思想および構造的特徴[5)]

50径間連続ラーメン高架橋は，ロングレールの理論が適用できるとして検討された．**図1.3.10**に，温度変化を対象にした上層位置の変形，軸力の模式図を示す．径間数が多くなると，高架橋中央部では変形がなくなり，高架橋の両端部に変形は生じるが，変形量的には十分小さくなるというものである．高架橋の中央部は変形が拘束されたことにより，軸力が作用することになる．

図1.3.11は，構造検討の一例として，温度変化（-10℃）に乾燥収縮の影響（5×10^{-5}）を加味し，柱下端固定とした場合の断面力図を示したものである．柱の曲げモーメントは端部ほど大きく，はりの軸力は中央部で大きな値を示している．このことから，荷重状態を組み合わせた場合,高架橋端部では曲げモーメントが支配的となり，中央部では軸力が支配的となっている．

このような断面力の発生傾向を考慮し，部材断面の構成は，**図1.3.12**に示すようにA，B，CおよびDの4区間に分け，各区間においては同一断面とすることにより設計・施工上の合理化を図っている．また，軸力が支配的である上層はりのB，CおよびD区間は，I形鋼を使用したSRC断面とし，**図1.3.12**に示すように，軸力の差により鉄骨断面を変化させている．**表1.3.2**に,区間別の断面構成および設計結果の応力度を示す．この表で示されているように，50径間連続高架橋では,すべての部材が温度変化および乾燥収縮を組み合わせた荷重状態で断面が決定されている．

(3)　50径間連続ラーメン高架橋における乾燥収縮の影響を軽減するための施工方法[3),4)]

本高架橋では，乾燥収縮の影響を緩和させる目的で,施工計画において上層部材の3～4径間ごとに後打ち部分を設けている．後打ち部は先行箇所のコンクリート打設後9か月以上時間経過をおいたあと，施工することとしている．これにより設計上考慮すべき乾燥収縮の2/3が終了するものと考え,乾燥収縮量はひずみ換算値5×10^{-5}とした設計がおこなわれている．

(4)　50径間連続ラーメン高架橋の状況

図1.3.13に，高架橋端部橋の上端位置（ハンチ付近）を，**図1.3.14**に高架橋中央部付近の状況をそれぞれ示す．ひび割れの補修後の痕跡が見て取れる．ひび割れ補修の痕跡からは，温度変形の影響や乾燥収縮による断面力の発生は，構造解析で想定した通りとなっている．はりの鋼材断面が増加するにつれて，床版のひび割れ間隔が狭くなる傾向が窺えた．

図1.3.13　高架橋端部橋の上端位置（ハンチ付近）の状況

図1.3.14　高架橋中央部付近の状況

(5)　まとめ

高架橋中央付近のはり部材はSRC構造，他はRC構造とした50径間連続ラーメン高架橋の概観を示した．ラーメン高架橋に対して，挑戦的な取り組みの実施例である．乾燥収縮の影響を軽減するための施工上の工夫など，随所に様々な検討が行われている．今後，複合構造におけるコンクリートの乾燥収縮を制御し，新たな構造形式を思考する上で参考になる事例と考えられる．本高架橋における現況のひび割れ補修の痕跡を見ると，ラーメン高架橋を超多径間化する場合，ひび割れ発生を軽減するための構造的な工夫が必要であると考えられる．

1.3.2 章の参考文献

1) 大平拓也：無限長連続高架橋の可能性，鉄道土木，1973.1
2) 大平拓也ほか：連続多径間高架橋の設計について，第 34 回土木学会年次学術講演会，講演概要集 1，1979.10
3) 大平拓也ほか：50 径間連続 RC ラーメン高架橋の設計･施工，国鉄構造物設計資料，No.65，1980.9
4) 大平拓也，谷健史，齋藤隆：50 径間連続 RC ラーメン高架橋の設計・施工－阿佐線・赤野高架橋－，コンクリート工学，Vol.21，No.6，日本コンクリート工学会，1983.6
5) 大平拓也：半無限連続高架橋の研究，京都大学博士論文，1984.11

(執筆者：小林　薫)

1.3.3　PC 有ヒンジラーメン橋の垂れ下がり対策

(1)　変状と対策の実例

PC 有ヒンジラーメン橋は，支間中央にヒンジを設けて不静定次数を下げることで，設計の簡素化が図りながら長大支間の橋梁が設計可能となるため，1960 年代から 1980 年代にかけて多く設計・建設されている．クリープや乾燥収縮に伴う長期的なたわみはその設計値分を事前に上げ越して施工することが一般的であるが，近年では過去に建設された PC 橋において長期的なたわみが，設計予測値に比べて大きく生じた事例も報告されている．現在，コンクリート標準示方書［設計編］には「ファイバーモデルを用いた PC 橋の長期たわみの解析事例」が掲載されており，箱桁断面構造をそれぞれ上床版・側壁・下床版の複数のはり要素でモデル化し相対湿度や温度などの環境条件を個別に与えることで精度良く長期たわみを算出できることが示されている [1]．当時の PC 有ヒンジラーメン橋の上げ越し計算では環境条件は橋梁全体で一定と設定しており，本項ではこのような背景のもと実構造物に生じた変状とその対策例を紹介する．

a)　浜名大橋 [2), 3)]

浜名大橋は静岡県浜松市に位置し，国道 1 号線浜名バイパスの一部を形成する 1976 年に完成した 5 径間連続有ヒンジラーメン箱桁橋である．**図 1.3.15** に，浜名大橋の一般図を示す．建設当時は世界最長であった 240m の支間を有している．竣工後約 35 年経過した段階で点検を実施したところ，中央径間中央部の高さは設計たわみ量 600mm に対して 800mm の実たわみが発生しており設計値を 200mm 近く超過していることが明らかとなった．またこの変状にともない走行性の低下と騒音・振動の問題も生じた．たわみ自体はほぼ収束していると判断されたが直近の 15 年でも約 80mm のたわみを生じていたことから，対策としてヒンジ部を連続化することが決定された [2)]．

支間中央部のヒンジ構造はゲレンク沓とローリングリーフ式伸縮継手により構成されている (**図 1.3.16**)．

本橋での連続化はこれらを撤去し，コンクリート打設して横桁を設けている．連結鋼材は PC 鋼棒を横桁に配置し連結し，更に外ケーブルにて補強する構造となっている．外ケーブルには 19S15.2 のシステムが用いられ，ウェブの桁内側の表面に接着した補強鋼板上にコンクリート突起を設けて定着している（図 1.3.17）．このコンクリート突起は PC 鋼棒で橋梁本体のウェブと緊結しており，大容量の外ケーブルを定着するために事前に実物大の試験を実施して安全性を確認している．

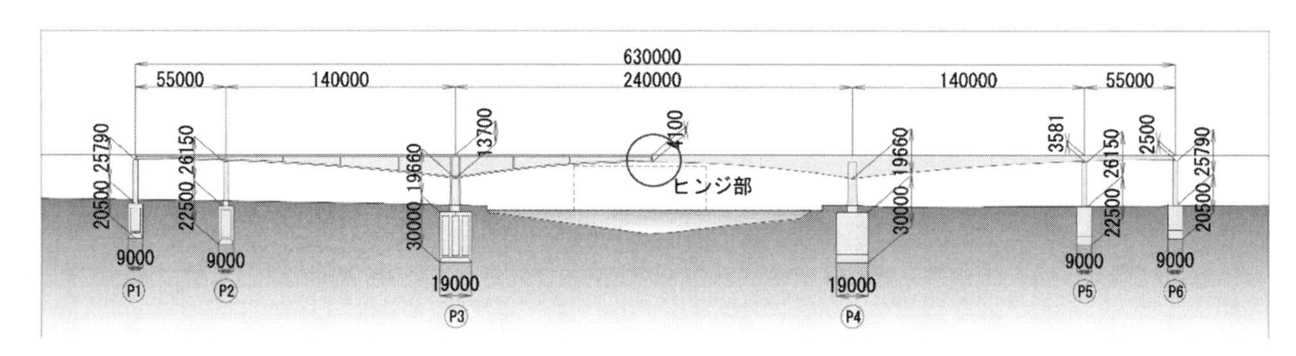

図 1.3.15　浜名大橋一般図

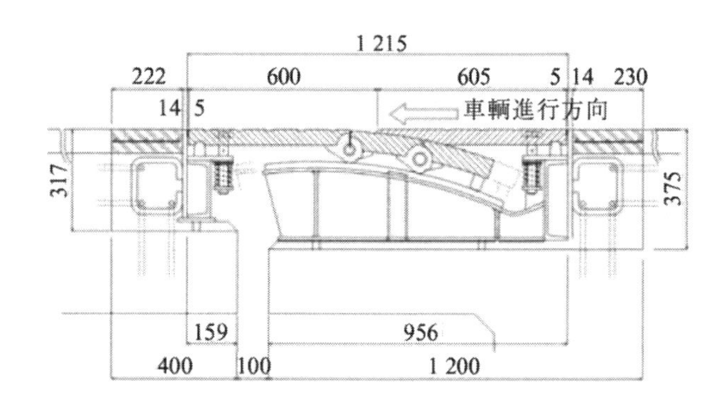

図 1.3.16　ヒンジ部の構造[3]（左ゲレンク沓，右ローリングリーフ式伸縮継手）

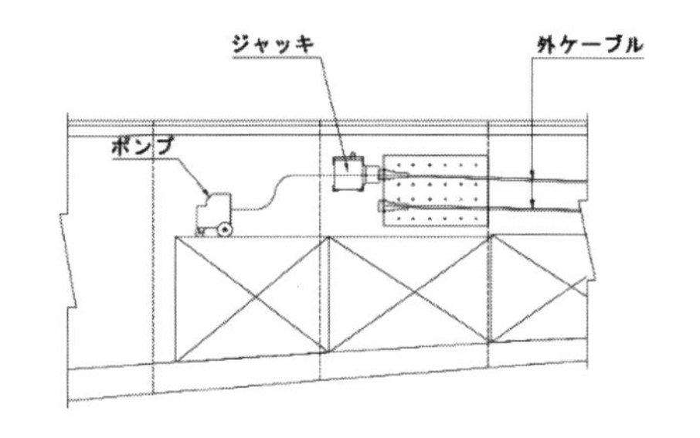

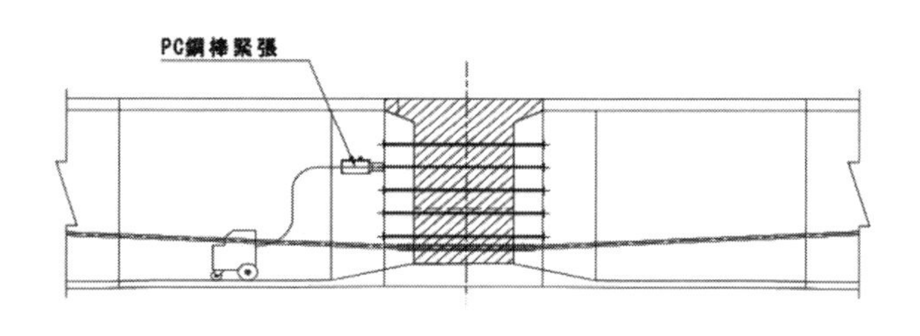

図 1.3.17　連結鋼材の配置と緊張

b)　鮫洲橋[4]

鮫洲橋は東京都品川区に位置し，首都高速道路 1 号羽田線の一部を形成する 1963 年に完成した 3 径間連続有ヒンジラーメン箱桁橋である．図 1.3.18 に，鮫洲橋の一般図を示す．本橋では，主としてヒンジ構造自体の改善が主目的で連続化が行われたが，事前の測量ではヒンジ部の垂れ下がりが確認されていたため連続化の例として示す．

本橋では連結鋼材の外ケーブルは中間支点横桁を定着位置としている．また重交通路線であるため，連続化への施工中に交通規制することができなかったのでヒンジ部に高流動の早強間詰めコンクリートを段階的に打設して横桁を構築し，その都度補強鋼材を緊張することで交通規制を行わずに構造変換を実施している（図 1.3.19）

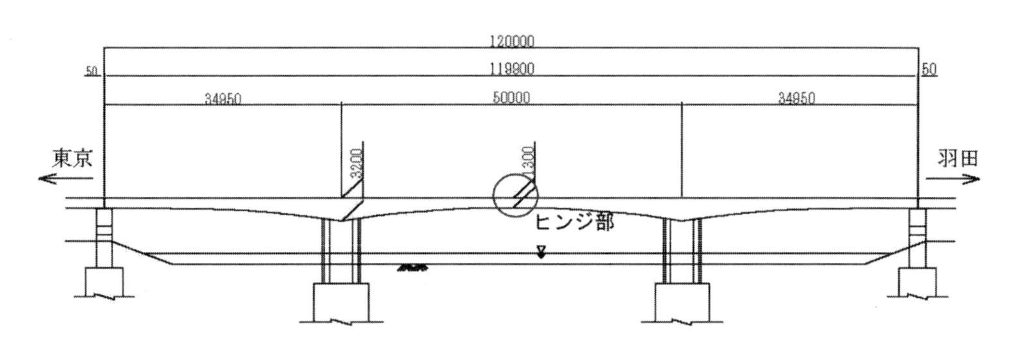

図 1.3.18　鮫洲橋一般図 [4]

（出典 4：古賀友一朗ほか，3 径間連続有ヒンジラーメン橋　鮫洲橋連続化工事の設計・施工，プレストレストコンクリート技術協会　第 13 回シンポジウム論文集，pp.259-262，1999 年）

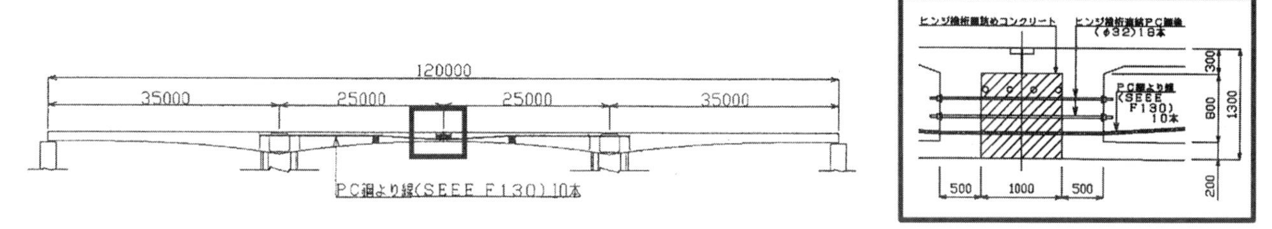

図 1.3.19　鮫洲橋補強鋼材配置図 [4]

（出典 4：古賀友一朗ほか，3 径間連続有ヒンジラーメン橋　鮫洲橋連続化工事の設計・施工，プレストレストコンクリート技術協会　第 13 回シンポジウム論文集，pp.259-262，1999 年）

c)　矢井原橋 [6]

矢井原橋は，兵庫県養父市に位置し，一般国道 9 号線の一部を形成する 1966 年に完成した PC3 径間連続ラーメン橋である．図 1.3.20 に，矢井原橋の一般図を示す．中央支間 61.7m に対して側径間が 16.5m と短く構造形式としてはドゥルックバンド形式を採用している．本橋では 40 年間の供用で径間中央部の垂れ下がりが顕著になり，ヒンジ部支承の摩耗による走行時の振動・衝撃音が問題となっていた．前述の例のように一般的な有ヒンジラーメン橋の連続化ではヒンジ部の改築のため前面通行止めが不可欠である．しかし本橋は他に迂回路が無い主要幹線道路の橋であり，さらに渡河する八木谷川内に中間橋脚を設置することも困難であったため現存する橋梁下部に RC アーチを設けて支持する方法が採用されている．

アーチリブは支保工により施工しアーチクラウン部に支承を設けてヒンジ部を支持する構造となっている．なお，支承受け換え時にはジャッキアップを行った後に支承をセットし，その後ジャッキ反力を開放することで支承に負反力が作用しないようにしている．（図 1.3.21）

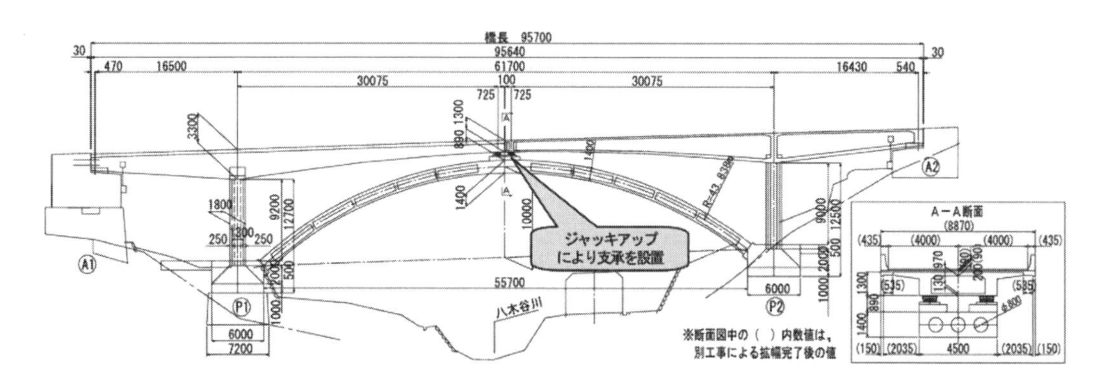

図 1.3.20　矢井原橋一般図

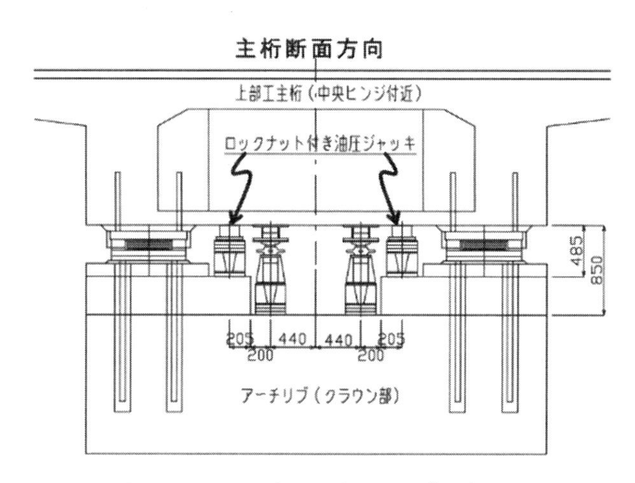

図 1.3.21　ジャッキアップ要領図

1.3.3 章の参考文献

1)　土木学会：2017 年制定　コンクリート標準示方書［設計編］，2018.3
2)　加藤達也，辻英雄：～平成の大改修～「浜名大橋」橋梁補強について，平成 23 年度国土交通省　国土技術研究会，2011.10
3)　井村尚則，杉山真一，福井正，神実晃：浜名大橋耐震補強の施工-大規模橋梁の耐震補強技術-，プレストレストコンクリート，Vol. 53，No. 3，pp.40-46，2011.5
4)　古賀友一朗，七條哲彰，小出悟，横尾秀行：3 径間連続有ヒンジラーメン橋　鮫洲橋連続化工事の設計・施工，プレストレストコンクリート技術協会　第 13 回シンポジウム論文集，pp.259-262，1999
5)　西口喜隆，小西純哉，高龍：老朽化した有ヒンジラーメン橋補強工事の計画と施工（国道 9 号矢井原橋），建設の施工企画，pp.38-43，2008.10

（執筆者：片　健一）

1.3.4　SRC 桁におけるひび割れ発生事例

本項で紹介する SRC 桁は H 形の鋼材を補強材として埋め込んだ構造であり，コンクリートと H 形の鋼材が一体となり外力に抵抗する構造である（**図 1.3.22**）．本構造は RC・PC 構造に比べ，コンクリートと接する面積が大きいこと，また，鋼材を添接するためのボルトや橋軸直角方向を結合する横構等があり，拘束の影響が大きいと考えられる．拘束の影響を受けたものと推定される以下の 2 橋梁について事例を紹介する（**表**

図 1.3.22　SRC 桁（H 鋼埋込桁）

表 1.3.3　対象橋梁概要

桁番号	桁A（架道橋）	桁B（河川橋）
スパン	16.13+2@16.50+16.13	23.0m
桁高	0.685m	1.1m
環境条件	通常の環境	通常の環境
しゅん工年月	昭和61年11月 （31年経過）	平成10年5月 （19年経過）
構造形式	連続桁	単純桁

表 1.3.4　ひび割れ発生状況

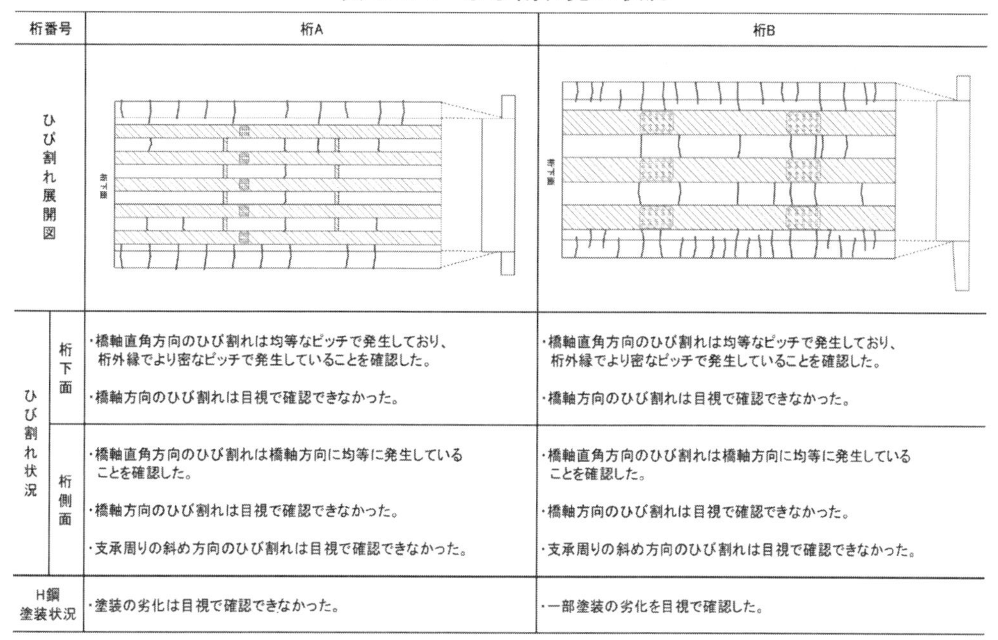

桁番号		桁A	桁B
ひび割れ展開図			
ひび割れ状況	桁下面	・橋軸直角方向のひび割れは均等なピッチで発生しており、桁外縁でより密なピッチで発生していることを確認した。 ・橋軸方向のひび割れは目視で確認できなかった。	・橋軸直角方向のひび割れは均等なピッチで発生しており、桁外縁でより密なピッチで発生していることを確認した。 ・橋軸方向のひび割れは目視で確認できなかった。
	桁側面	・橋軸直角方向のひび割れは橋軸方向に均等に発生していることを確認した。 ・橋軸方向のひび割れは目視で確認できなかった。 ・支承周りの斜め方向のひび割れは目視で確認できなかった。	・橋軸直角方向のひび割れは橋軸方向に均等に発生していることを確認した。 ・橋軸方向のひび割れは目視で確認できなかった。 ・支承周りの斜め方向のひび割れは目視で確認できなかった。
H鋼塗装状況		・塗装の劣化は目視で確認できなかった。	・一部塗装の劣化を目視で確認した。

1.3.3）.

桁下面の劣化状況を表 1.3.4 に示す．桁 A，B ともに桁下面および側面において橋軸直角方向ひび割れが全長に渡って発生しており，中桁の H 鋼下フランジ間に比べて外桁の桁外縁の方が狭い間隔でひび割れが発生していることを確認した．一方で橋軸方向や斜め方向のひび割れは目視では確認できなかった．調査の結果，H 鋼下フランジ間の支間中央付近では 0.3～0.5mm のひび割れを確認し，支間 1/4 点付近では 0.2～0.4mm のひび割れを確認した．桁外縁では支間中央付近で 0.3～0.5mm，支間 1/4 点付近では 0.2～0.4mm，桁端部付近では 0.1mm～0.3mm のひび割れを確認した．H 鋼の塗装については桁 B で薄いさびを目視により確認したが，変色程度であったため断面欠損まで進展はしていないと推定される．橋軸直角方向にひび割れが発生しており錆汁も確認されなかったことから，ASR や鉄筋腐食によるひび割れではないと考えられる．また，荷重の影響が小さい桁外縁側の桁端部位置においてもひび割れが発生していることから，乾燥収縮を拘束することによって起こるひび割れと推定される．

（執筆者：木戸　弘大）

1.3.5　非合成桁のコンクリート床版を有する鋼桁に生じた漏水

図 1.3.23 は，鋼桁に非合成のコンクリート床版が設置されている橋梁である．本橋梁は，鉄道用下路桁の床組み部にコンクリート床版を非合成で設置した構造である．床版の下面は，亜鉛溶融メッキを施した鋼製埋設型枠が設置されている．

図 1.3.24 は，鋼製型枠と鋼床組の隙間から漏水が生じた痕跡が残る写真である．この漏水跡にはさび汁も含まれており，コンクリート打ち込み施工時に生じたものではなく，コンクリート硬化後にも漏水が生じていることが読み取れる．この漏水が生じる原因として，一般的に考えられるのは，コンクリート床版のひび割れや，鋼とコンクリートの境界部に隙間があるためと考えられるが，この原因を考察するために，**図 1.3.25** に橋梁上面部の拡大写真を示す．本構造は下路桁であるため，床版自体には活荷重によって引張応力が生じる可能性があり，ひび割れが生じる可能性があるが，**図 1.3.25** では，コンクリート上面には目立ったひび割れが生じていないことが分かる．また，同時に鋼主桁とコンクリート境界部には，鉄道下路桁で標準的に用いられている水切り板が設置されており，この部分からも目立った損傷は見られていない．さらに，床版上面は，滞水を生じないように排水勾配や排水溝が設置されている様子もわかる．よって，本構造では，コンクリートの収縮の影響により，鋼とコンクリート境界面に隙間が生じ，この隙間に雨水等が回り込むことにより，下面に漏水が生じた可能性が高いと言える．このような構造は，鋼桁外面は塗り替えが可能であるが，コンクリート床版内面は塗り替え更新が困難であることから，コンクリートの収縮に配慮した構造設計が必要不可欠であると言える．

図 1.3.23 の構造とは別事例ではあるが，同様な事例が進展したと想定できる鉄道用 SRC 桁の事例を**図 1.3.26** に示す．**図 1.3.26** は，桁上面の状況が不明であり，収縮を原因として生じた損傷事例かどうか不明であるが，桁上面からの漏水が進展した場合として示した．本事例では，桁下面からの漏水が止まらずに進展し続けた場合としてとらえられるが，やはり桁内部でさびが進行し，そのさび汁が桁下面に明らかに流れている状況にある．このような状況では，桁内部の塗り替え更新は困難であることから，桁の腐食進行を止めることができず，長期的には桁の耐荷力低下を生じる可能性があると言える．

(a) 橋梁上面写真

(b) 橋梁下面写真

図 1.3.23　鉄道用非合成下路桁の例

図 1.3.24　埋設型枠と床組の隙間に生じている漏水跡

図 1.3.25　床版上面拡大写真

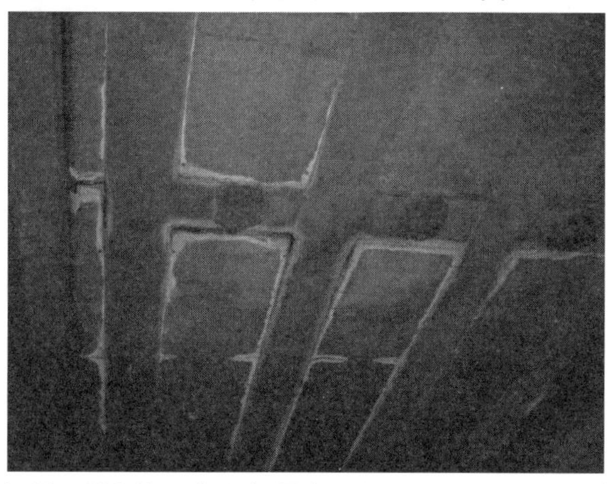

図 1.3.26　SRC 桁に生じた漏水（図 1.3.23 とは別の事例）

（執筆者：谷口　望）

1.4 複合構造におけるコンクリート収縮により生じる損傷への対策について

1.4.1　設計時に配慮すべき事項

(1)　鋼断面とコンクリート断面の比率

コンクリートが収縮を起こす可能性がある場合，鋼部材がその収縮を拘束し，有害なひび割れを誘発する可能性がある．よって，コンクリートの収縮に配慮し，鋼断面がコンクリート断面に対して大きくなりすぎないよう配慮が必要であると言える．

(2)　鋼とコンクリートの適切な結合

非合成構造であっても，コンクリート収縮により鋼とコンクリート境界面に隙間が生じれば，内部に漏水が生じる可能性が高く，鋼とコンクリートには剥離防止程度のずれ止め構造が必要と考えられる．

(3)　床版防水工の設置および適切な排水システムの設置

上記損傷がやむを得ず生じてしまう可能性があるため，床版面に防水工を設置することが望ましいと考えられる．鉄道構造物の設計では，床版上面の防水は必須となっていない場合もあるが，このような損傷が想定できる場合は，床版防水工を必要となるケースが多いと考えられる．また，床版上の滞水は上記損傷を誘発する可能性があるため，設計時点で適切な排水システムを検討するべきであると言える．

1.4.2　施工時に配慮すべき事項

(1)　コンクリート現場施工時の養生

コンクリートの収縮により損傷が生じる可能性がある場合，コンクリート硬化時の養生は重要であると言える．また，膨張材を用いた場合においても，適切な養生を行うことが必要であり，十分な配慮の下で施工すべきであると言える．

(2)　コンクリート打ち込み順序の検討

構造物が連続桁構造である場合，コンクリートの打ち込み順序には配慮が必要である．連続合成桁（上路）の場合，中間支点部には負曲げが生じコンクリート床版には引張応力が生じる．また，非合成の床版を有する連続桁であっても，鋼桁とコンクリート床版には摩擦等による合成効果が生じ，合成桁と同様な挙動が生じる場合がある．よって，連続合成桁や，連続非合成桁の場合でも，有害なひび割れを防止するために，支間中央部のコンクリート打ち込みを先に行い，その後で中間支点部のコンクリート打ち込みを実施するように施工上配慮が必要である．

（執筆者：谷口　望）

第2章　収縮，クリープの設計予測式の精度検証

2.1 国内外の室内実験データを用いた収縮，クリープの設計予測式の精度検証

2.1.1 全国生コンクリート工業連合会の収縮データを用いた検証 [1]

(1) 概要

コンクリート標準示方書の乾燥収縮ひずみの予測式は，2012 年に改訂された [2]．この予測式は，全国生コンクリート工業組合連合会技術委員会が，平成 22 年度に全国の生コンクリート工業組合から収集したデータ [3]とセメント協会が昭和 54 年および昭和 56 年に収集したデータ [4),5]をもとに作成され，JIS A 1129 試験による実験値を概ね±50%の精度で推定できるとされている [2),6]．この予測式では，骨材の影響を考慮するために，骨材中に含まれる水分量$\Delta\omega$を用いているが，骨材の種類によって，その影響の大きさが異なるため，骨材の品質を表わす係数αを乗じている．骨材の品質を表わす係数は，α＝4～6 の値を用いることとされており，標準的な骨材では，α＝4 としてよいとされている．予測式の作成過程を示した資料 [2),6]では，砂岩骨材を用いた場合には，α＝6 とするのがよいと報告されているが，砂岩骨材がどの程度用いられた場合にα＝6 を選択するかは示されていない．

全国生コンクリート工業組合連合会は，予測式の作成に用いられたデータ以外にも，乾燥収縮ひずみのデータを全国の生コンクリート工業組合から収集し取りまとめている [7),8),9]．本項では，全国生コンクリート工業組合連合会が収集した最近のデータを用いて，コンクリート標準示方書の収縮ひずみの予測式について，骨材の品質を表わす係数αの選択方法を骨材の岩種に着目して検証を行った．また，結合材の種類の影響および乾燥期間が短い場合の精度についても検証を行った．

(2) 2017 年制定土木学会コンクリート標準示方書の予測式

2017 年制定のコンクリート標準示方書［設計編］では，収縮の特性値は，JIS A 1129 試験（100×100×400mm 供試体，水中養生 7 日後，温度 20℃，相対湿度 60%の環境下で 6 か月乾燥後の収縮ひずみ）によるものとされている．試験によらない場合は，式(2.1.1)に示す予測式により特性値を設定する．

$$\varepsilon'_{sh} = 2.4\left(W + \frac{45}{-20+30\cdot C/W}\cdot\alpha\cdot\Delta\omega\right) \qquad (2.1.1)$$

ここに，ε'_{sh}：収縮の試験の推定値（$\times10^{-6}$）

W：コンクリートの単位水量（kg/m^3）（$W \leq 175kg/m^3$）

C/W：セメント水比

α：骨材の品質の影響を表わす係数（α＝4～6）標準的な骨材の場合はα＝4 としてよい．

$\Delta\omega$：骨材中に含まれる水分量

$$\Delta\omega = \frac{\omega_S}{100+\omega_S}S + \frac{\omega_G}{100+\omega_G}G$$

ω_Sおよびω_G：細骨材および粗骨材の吸水率（%）

SおよびG：単位細骨材量および単位粗骨材量（kg/m^3）

収縮ひずみの経時変化曲線$\varepsilon'_{sh}(t,7)$は，以下の式を用いて算出する．

$$\varepsilon'_{sh}(t,7) = \frac{\varepsilon'_{sh,inf} \cdot (t-7)}{\beta + (t-7)} \tag{2.1.2}$$

ここに，$\varepsilon'_{sh}(t,7)$ ：材齢 7 日に乾燥を開始したコンクリートの材齢t日における収縮ひずみ
$\varepsilon'_{sh,inf}$ ：乾燥収縮ひずみの最終値
β ：乾燥収縮ひずみの経時変化を表わす項

$\varepsilon'_{sh,inf}$およびβは，以下の式を用いて算出する．

$$\varepsilon'_{sh,inf} = \left(1 + \frac{\beta}{182}\right) \cdot \varepsilon'_{sh} \tag{2.1.3}$$

$$\beta = \frac{30}{\rho}\left(\frac{120}{-14+21C/W} - 0.70\right) \tag{2.1.4}$$

ここに，ρ ：コンクリートの単位容積質量（g/cm^3）

本予測式による推定値は，個々の試験値に対して最大で±50%程度のばらつきがあることから，これらの不確実性の影響を考慮しなければならないとされている．2017 年制定コンクリート標準示方書の予測式は，2012 年に改定されたものが踏襲されている．

(3) 検証に使用したデータの概要

本検討では，全国生コンクリート工業組合連合会技術委員会が平成 20 年から平成 24 年にかけて調査した 3,486 件のデータのうち，収縮低減剤，収縮低減型（高性能）AE 減水剤，尿素，膨張材などの収縮低減効果のある混和材料および人工軽量骨材を用いたものを除き，さらに 2. 1. 1 (2) に示す推定値の計算に必要な情報が含まれる 3,151 件のデータを検証対象とした．乾燥収縮ひずみの実験値は，乾燥期間 182 日のものが 3,108 件，乾燥期間 28 日のものが 955 件で，このうち，乾燥期間 28 日と 182 日の両方の実験値があるものが 912 件ある．

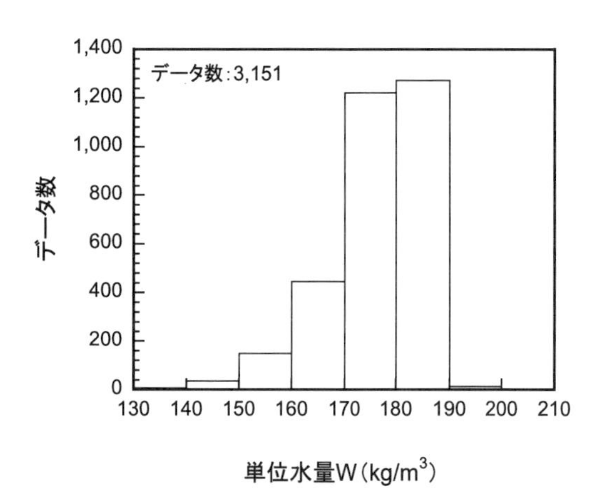

図 2.1.1　単位水量の範囲

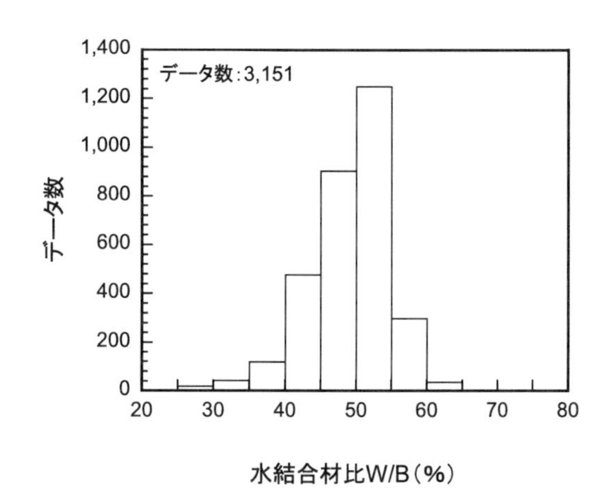

図 2.1.2　水結合材比の範囲

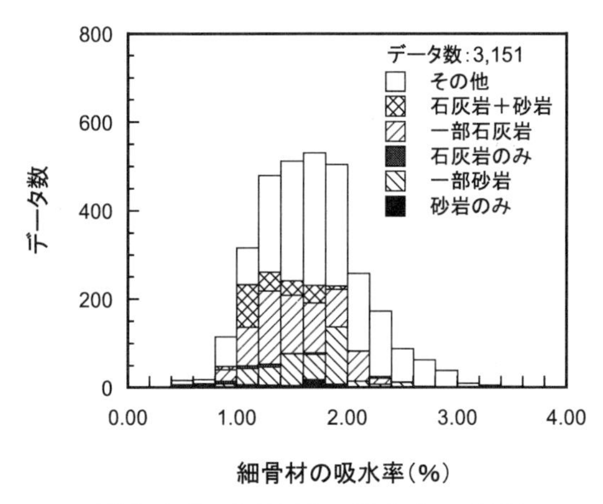

図 2.1.3　細骨材の吸水率の範囲

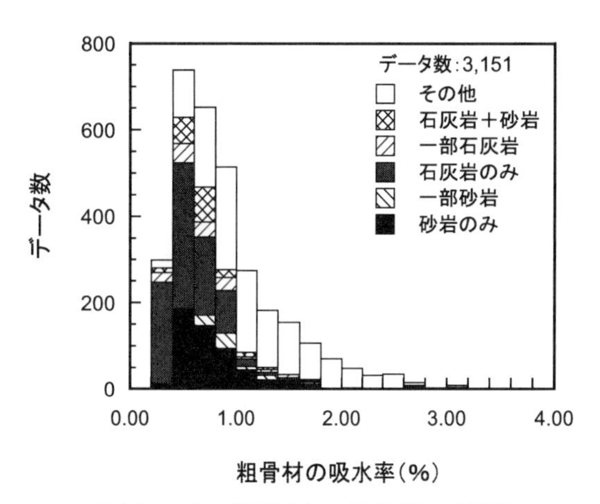

図 2.1.4　粗骨材の吸水率の範囲

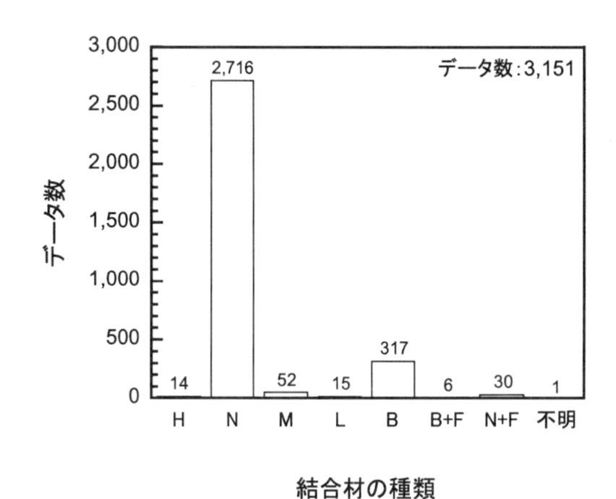

図 2.1.5　結合材の種類ごとのデータ数

検証対象としたデータの単位水量，水結合材比，細骨材の吸水率および粗骨材の吸水率の範囲を，それぞれ，**図 2.1.1**，**図 2.1.2**，**図 2.1.3** および**図 2.1.4** に示す．式(2.1.1)では，単位水量の範囲は 175kg/m^3 以下とされているが，本検証では，単位水量が 175kg/m^3 超えるものも検証対象とした．水結合材比の範囲は，23.0～71.1%で中央値は 50.0%である．細骨材および粗骨材の吸水率について，乾燥収縮が小さくなると言われる石灰岩が用いられているものに着目すると，他の骨材に比べて総じて吸水率が小さいことが分かる．一方，乾燥収縮が大きいと言われる砂岩が用いられているものは，他の骨材と同程度の吸水率である．なお，図中の「その他」には，前述の石灰岩および砂岩以外の岩種の砕砂，砕石および砂，砂利，高炉スラグ骨材，銅スラグ細骨材を用いたものが含まれている．

検証対象としたデータに用いられている結合材の種類を**図 2.1.5** に示す．図中の H，N，M および L は，それぞれ，早強ポルトランドセメント，普通ポルトランドセメント，中庸熱ポルトランドセメントおよび低熱ポルトランドセメントが用いられているものである．図中の B は，高炉セメント B 種を用いたものを，B+F は，高炉セメント B 種とフライアッシュを混合して用いたもの，N+F は普通ポルトランドセメントとフライアッシュを混合して用いたものまたはフライアッシュセメント B 種を用いたものである．検証対象としたデータは，主に普通ポルトランドセメントを用いたものが収集されている．

(4)　検証結果

a)　骨材の影響

図 2.1.6 は，結合材には普通ポルトランドセメントのみを用い，細骨材，粗骨材，または，その両方に，石灰岩骨材のみが用いられているコンクリートの乾燥収縮ひずみの実験値と予測式による推定値とを比較したものである．骨材の品質の影響を表わす係数αには，4 を用いて計算している．石灰岩骨材を用いると乾燥収縮ひずみは小さくなると言われているが，**図 2.1.3** および**図 2.1.4** に示すように，石灰岩骨材の吸水率は，概ね小さく，その影響でコンクリートの乾燥収縮ひずみも小さい値となっている．骨材の品質の影響を表わす係数αが小さいほど，予測式による推定値は小さくなる．骨材の品質の影響を表わす係数αに，最も小さい

4 としても実験値に比べるとやや大きい値を示す傾向であるが，概ね±50%の範囲内にあることが分かる．図 2.1.7 は，図 2.1.6 のデータも含めて，結合材には普通ポルトランドセメントのみを用い，骨材の一部に石灰岩骨材を用いたコンクリートの乾燥収縮ひずみの実験値と予測式による推定値を比較したものである．ただし，砂岩骨材を併用したものは除き，骨材の品質の影響を表わす係数αは 4 を用いている．図中の○は，粗骨材の一部または全部が石灰岩骨材の結果を，□は，細骨材の一部または全部が石灰岩骨材の結果を，△は，細骨材および粗骨材の両方の一部または全部が石灰岩骨材の結果を示している．骨材の一部に石灰岩を用いたものでも，多くのデータが±50%の範囲内にある．砂岩骨材を併用した場合を除き，乾燥収縮が小さいと言われる石灰岩骨材を用いた場合も，骨材の品質の影響を表わす係数αには，4 を用いればよいと考えられる．

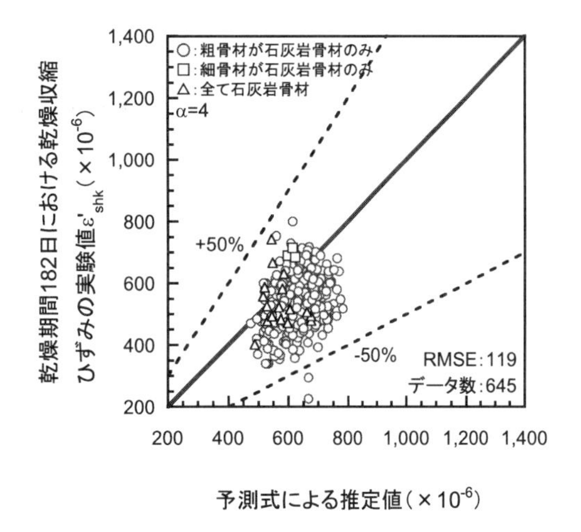

図 2.1.6　石灰岩骨材を用いたコンクリートでα＝4 とした場合の精度

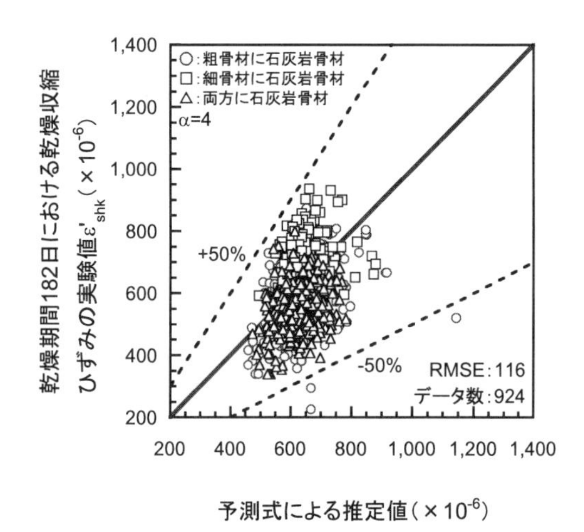

図 2.1.7　骨材の一部に石灰岩骨材を用いたコンクリートでα＝4 とした場合の精度

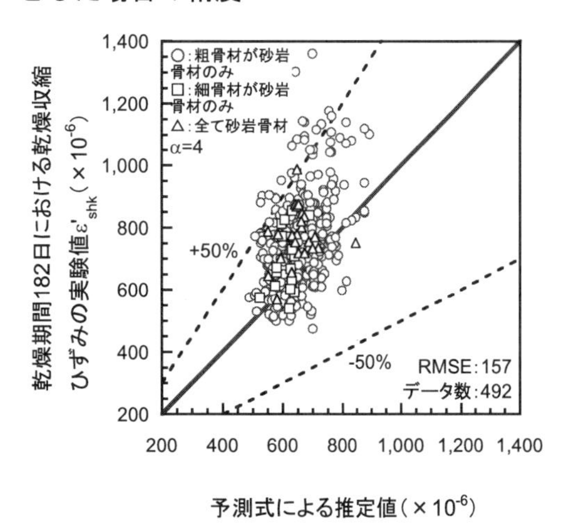

図 2.1.8　砂岩骨材を用いたコンクリートでα＝4 とした場合の精度

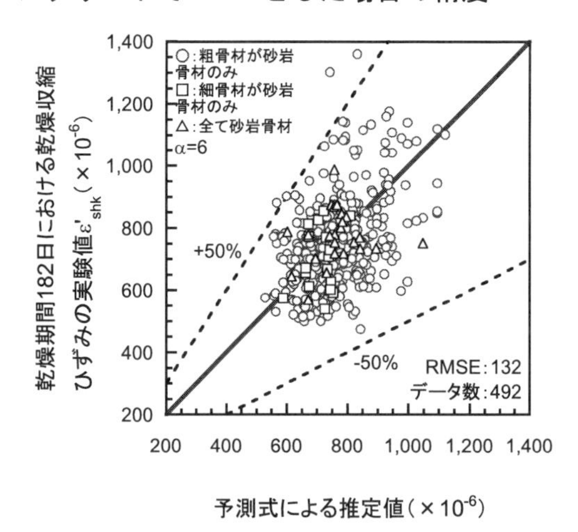

図 2.1.9　砂岩骨材を用いたコンクリートでα＝6 とした場合の精度

図 2.1.8 は，結合材には普通ポルトランドセメントのみを用い，細骨材，粗骨材，または，その両方に，砂岩骨材のみが用いられているコンクリートの乾燥収縮ひずみの実験値と，骨材の品質の影響を表わす係数αに最小の 4 を用いて計算した予測式による推定値とを比較したものである．細骨材，粗骨材のいずれか，または両方に，砂岩骨材が用いられているコンクリートでは，骨材の品質の影響を表わす係数αには，4 を用

いて計算すると，実験値に比べて小さめの推定値が計算されていることが分かる．細骨材に用いた場合にも，粗骨材に用いた場合にも，同程度の差が生じている．一方，**図 2.1.9** は，骨材の品質の影響を表わす係数αに最大の 6 を用いて計算した結果である．砂岩骨材を用いた場合には，骨材の品質の影響を表わす係数αを 6 にした方が，±50%の範囲内に多くのデータがある．二乗平均平方根誤差（以下，RMSE）で比較しても，αに 6 を用いた方が，予測式による推定値と実験値がよく一致するようになることが分かる．

図 2.1.10 は，**図 2.1.8** のデータも含めて，結合材には普通ポルトランドセメントのみを用い，骨材の一部に砂岩骨材を用いたコンクリートの乾燥収縮ひずみの実験値と，骨材の品質の影響を表わす係数αには，4 を用いて計算した予測式による推定値とを比較したものである．図中の○は，粗骨材の一部または全部が砂岩骨材の結果を，□は，細骨材の一部または全部が砂岩骨材の結果を，△は，細骨材および粗骨材の両方の一部または全部が砂岩骨材の結果を示している．骨材の一部に砂岩骨材を用いられたコンクリートでも，骨材の品質の影響を表わす係数αには，4 を用いて計算すると，実験値に比べて小さめの推定値が計算されていることが分かる．これに対して，**図 2.1.11** は，骨材の一部に砂岩骨材を用いたコンクリートに対して，骨材の品質の影響を表わす係数αに，6 を用いて計算した結果である．骨材の一部が砂岩骨材の場合には，骨材の品質の影響を表わす係数αに 6 を用いた方が，±50%の範囲内に多くのデータがあり，予測式による推定値と実験値がよく一致するようになることが分かる．

図 2.1.12 は，結合材に普通ポルトランドセメントのみを用い，細骨材および粗骨材の両方に，砂岩または石灰岩のいずれの骨材も用いられていないコンクリートの乾燥期間 182 日における乾燥収縮ひずみの実験値と予測式による推定値とを比較したものである．ただし，骨材の品質の影響を表わす係数 α は，4 として計算している．一方，**図 2.1.13** は，骨材の品質の影響を表わす係数αを 6 として計算した予測式による推定値と実験値とを比較したものである．骨材の品質の影響を表わす係数αを 4 として計算した場合，全体としては，やや小さい値を推定する結果となっているのに対し，αを 6 として計算した場合，全体としては，やや大きい値を推定する結果となっている．これらのデータには，砂や砂利を用いたデータが含まれており，砂岩を含んでいるものもあることが推測される．コンクリート標準示方書では，「標準的な骨材の場合はα＝4 としてよい．」とされており，砂岩の骨材を用いられていないコンクリートでは，骨材の品質の影響を表わす係数αには 4 を用いればよいと考える．しかし，砂および砂利は，品質のばらつきもあるため，砂岩が多く産出されるような産地の砂や砂利によっては，骨材の品質の影響を表わす係数αを大きくした方がよい．

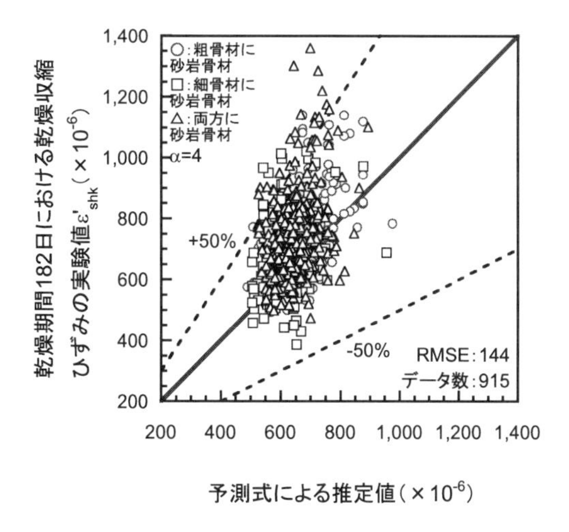

図 2.1.10　骨材の一部に砂岩骨材を用いたコンクリートで α＝4 とした場合の精度

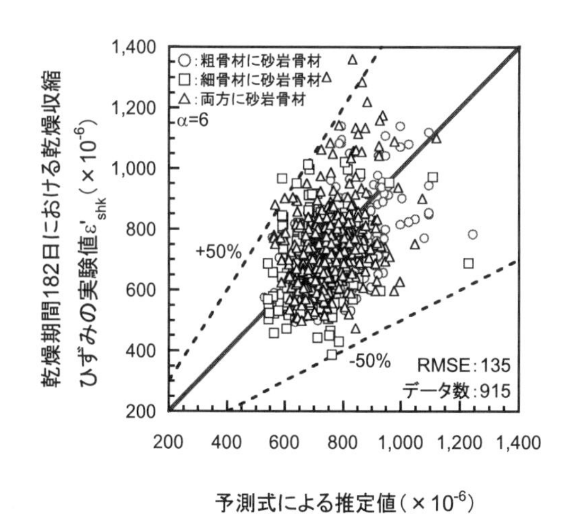

図 2.1.11　骨材の一部に砂岩骨材を用いたコンクリートで α＝6 とした場合の精度

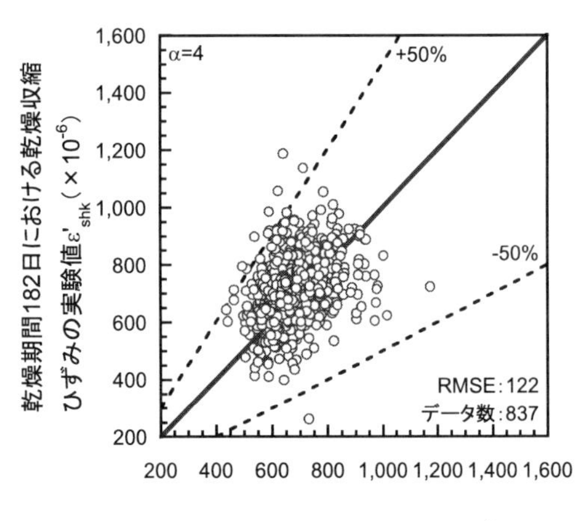

図 2.1.12　砂岩および石灰岩以外の骨材を用いたコンクリートで $\alpha=4$ とした場合の精度

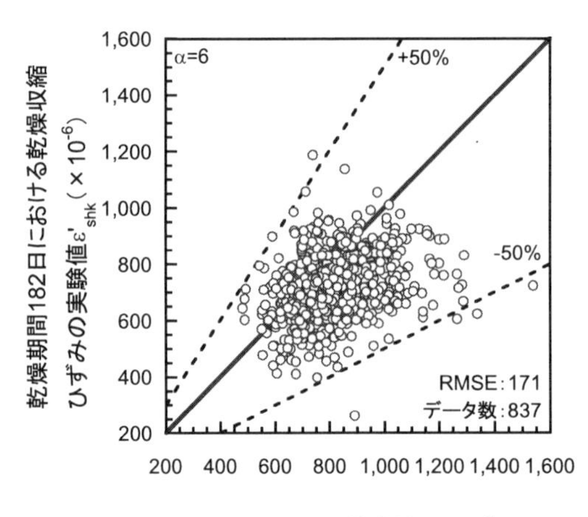

図 2.1.13　砂岩および石灰岩以外の骨材を用いたコンクリートで $\alpha=6$ とした場合の精度

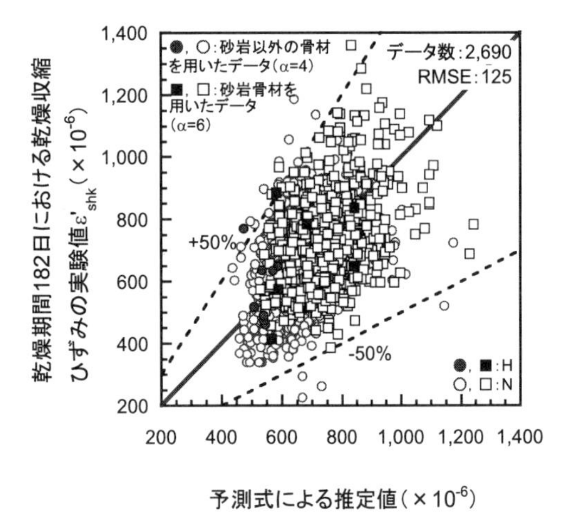

図 2.1.14　普通ポルトランドセメントまたは早強ポルトランドセメントを用いた場合の精度

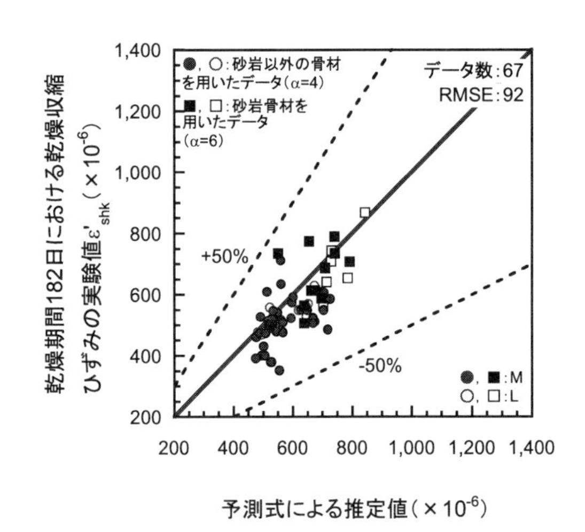

図 2.1.15　中庸熱ポルトランドセメントまたは低熱ポルトランドセメントを用いた場合の精度

b)　結合材の影響

図 2.1.14 は，結合材に普通ポルトランドセメントまたは早強ポルトランドセメントを用いたコンクリートの乾燥収縮ひずみの実験値と予測式による推定値とを比較したものである．中塗りおよび白抜きのデータは，それぞれ，早強ポルトランドセメントおよび普通ポルトランドセメントを用いたものである．骨材の品質の影響を表わす係数αには，骨材の一部にでも砂岩骨材を用いているものは 6 を用い，砂岩が用いられていないものでは 4 を用いて計算を行っている．いずれのセメントを用いたものも，概ね±50%の範囲で推定されている．

図 2.1.15 は，結合材に中庸熱ポルトランドセメントまたは低熱ポルトランドセメントを用いたコンクリートの乾燥収縮ひずみの実験値と予測式による推定値とを比較したものである．中塗りおよび白抜きのデータは，それぞれ，中庸熱ポルトランドセメントおよび低熱ポルトランドセメントを用いたものである．データ数は少ないが，中庸熱ポルトランドセメントまたは低熱ポルトランドセメントを用いた場合も推定値に対する実験値の差は，概ね±50%の範囲である．

図 2.1.16 は，結合材に高炉セメント B 種のみを用いたコンクリートの乾燥収縮ひずみの実験値と予測式

による推定値とを比較したものである．高炉セメントB種を用いた場合にも，推定値に対する実験値の差は，概ね±50%の範囲である．**図 2.1.17** は，結合材にフライアッシュを用いたコンクリートの乾燥収縮ひずみの実験値と予測式による推定値とを比較したものである．中塗りおよび白抜きのデータは，それぞれ，高炉セメントB種および普通ポルトランドセメントとフライアッシュを併用して用いたものである．データ数は少ないが，フライアッシュを用いた場合も推定値に対する実験値の差は，概ね±50%の範囲である．予測式の作成では，主に普通ポルトランドセメントのみを用いたものを対象に行われたが，JIS A 1129 試験の試験値の予測精度に与える結合材の種類の影響は，小さいといえる．

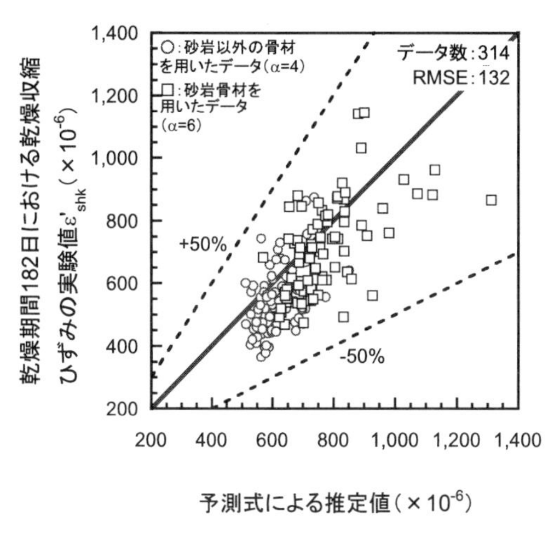

図 2.1.16　高炉セメントB種を用いた場合の精度

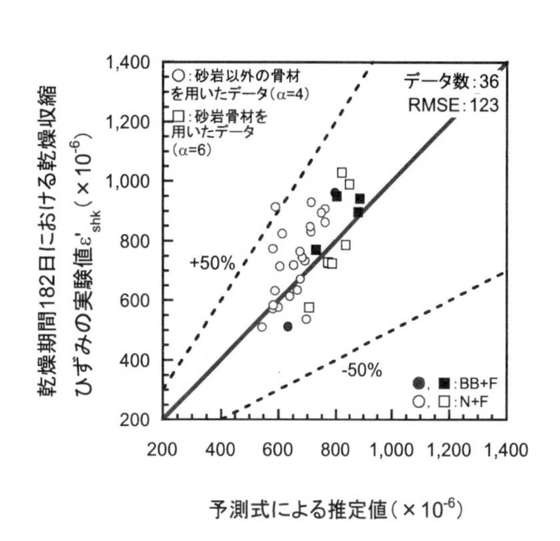

図 2.1.17　フライアッシュを用いた場合の精度

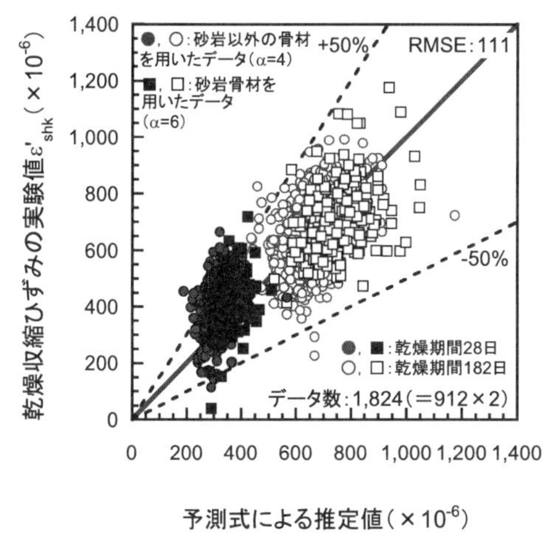

図 2.1.18　乾燥期間 28 日の精度

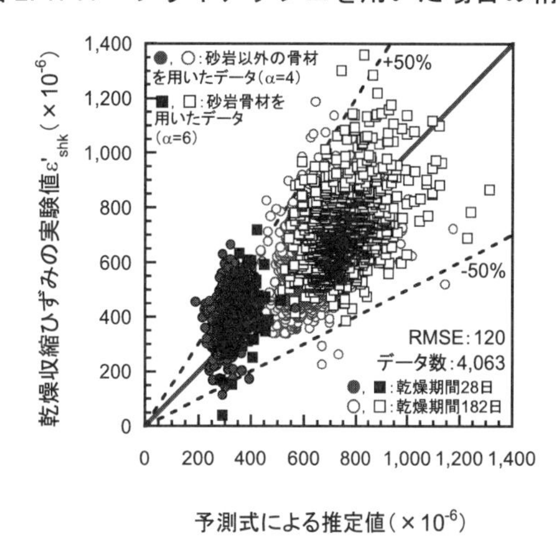

図 2.1.19　全データの精度

c)　乾燥期間 28 日の精度

図 2.1.18 は，乾燥期間が 28 日と 182 日の両方の実験値が収録されている 912 件について，乾燥期間 182 日に加えて，乾燥期間 28 日の収縮ひずみを式(2.1.1)，式(2.1.2)，式(2.1.3)および式(2.1.4)を用いて計算した予測式による推定値と実験値を比較したものである．中塗りおよび白抜きのデータは，それぞれ，乾燥期間が 28 日および 182 日のものである．乾燥期間 28 日における推定値は，実験値に比べてやや小さめの値となっている．**図 2.1.19** は，本研究に用いたすべての実験データの予測式による推定値と実験値を比較したものである．乾燥期間 182 日の推定値は，実験値と比較して概ね±50%の範囲にあるが，乾燥期間 28 日における推定値は，実験値に比べてやや小さめの値となっている．乾燥期間が短い場合には，小さめの値になることを

留意しておくことが必要と思われる.

(5) 本項のまとめ

2012年に改訂されたコンクリート標準示方書の収縮ひずみの予測式は，JIS A 1129試験による実験値を概ね±50%の精度で推定できるとされている．本項では，この予測式について，骨材の品質を表わす係数αの選択方法を骨材の岩種に着目して検証した．石灰岩骨材を含む一般的な骨材であれば，骨材の品質の影響を表わす係数αには 4 を用いればよい．一方で，砂岩骨材は，骨材の品質が乾燥収縮ひずみに与える影響は大きい．したがって，予測式中の骨材の品質の影響を表わす係数αには，砂岩骨材を一部にでも用いた場合は 6 を用いるのがよい．予測精度に与える結合材の種類の影響は小さい．乾燥期間182日の予測式による推定値は，実験値と比較し概ね±50%の範囲にあるが，乾燥期間28日における推定値は，実験値に比べて小さめの値となることを留意する必要がある.

2.1.1章の参考文献

1) 藤井隆史，下村匠：最近の試験データを用いた土木学会の収縮ひずみ予測式の適用性に関する検討，コンクリート工学年次論文集，Vol.43，No.1，pp.107-109，2018.3
2) 土木学会：2012年制定コンクリート標準示方書改訂資料－基本原則編・設計編・施工編－，コンクリートライブラリー138，pp.65-70，2013.3
3) 全国生コンクリート工業組合連合会技術委員会:乾燥収縮に関する実態調査結果報告書(平成22年度)，新技術開発報告No.38，全国生コンクリート工業組合連合会，2010.12
4) セメント協会:コンクリート専門委員会報告F-31「粗骨材の品質がコンクリートの諸性質に及ぼす影響」，1979.6
5) セメント協会:コンクリート専門委員会報告F-32「細骨材の品質がコンクリートの諸性質に及ぼす影響」，1981.3
6) 綾野克紀，藤井隆史，平喜彦：コンクリートの乾燥収縮ひずみの予測に関する研究，土木学会論文集E2（材料・コンクリート構造），Vol.69，No.4，pp.421-437，2013.12
7) 全国生コンクリート工業組合連合会技術委員会:乾燥収縮に関する実態調査結果報告書(平成20年度)，新技術開発報告No.33，全国生コンクリート工業組合連合会，2009.3
8) 全国生コンクリート工業組合連合会技術委員会:乾燥収縮に関する実態調査結果報告書(平成21年度)，新技術開発報告No.35，全国生コンクリート工業組合連合会，2009.11
9) 全国生コンクリート工業組合連合会技術委員会:乾燥収縮に関する実態調査結果報告書(平成24年度)，新技術開発報告No.42，全国生コンクリート工業組合連合会，2014.3

（執筆者：藤井　隆史）

2.1.2 世界各国の収縮，クリープデータベースを用いた検証

(1) Bazantの収縮，クリープデータベース

Bazantらは，世界各国のコンクリートの1869種類の収縮実験，1439種類のクリープ実験のデータをまとめ，データベースとして無料で公開している[1]．長期的なデータや大きな供試体のデータは少ないものの[2]，水セメント比（以下，W/C），単位水量（or 単位セメント量），体積表面積比，乾燥（載荷）開始材齢，相対湿度，温度など，設計上の予測式に必要な最低限のデータは，各実験データで概ねそろっている．また，日

本も含め，実験を実施した国や年代の情報もあり，地域特性や各年代における材料特性の影響などの検討も可能といえる．

本項では，各実験の最終値をコンクリート標準示方書[3)]の予測式と比較するため，水セメント比，単位セメント量（もしくは単位水量），体積表面積（以下，V/S），乾燥開始材齢，載荷材齢（クリープのみ），相対湿度，温度の情報がある実験を抽出した．また，コンクリート標準示方書の適用範囲を考慮し，収縮については，単位水量 175kg/m^3 以下，湿度 45%以上 80%以下，乾燥開始材齢 3 日以上で，かつ，現実的な水セメント比（70%以下），環境温度（40℃以下）の条件の 419 のデータを比較に用いた．クリープについては，単位水量 175kg/m^3 以下，湿度 45%以上，載荷開始材齢 7 日以上で，水セメント比と環境温度については，収縮と同じく 70%以下，環境温度（40℃以下）の条件の 456 のデータを比較に用いた．なお，上記には骨材に再生骨材や軽量骨材など特殊骨材を用いた実験データも含まれており，コンクリート標準示方書の予測式でカバーできない材料であるが，できる限り多くのデータで比較することを目的に，これらについては排除しなかった．図 2. 1. 20 に，分析に用いた実験データの国別，実験の報告年のデータ分布を示す．

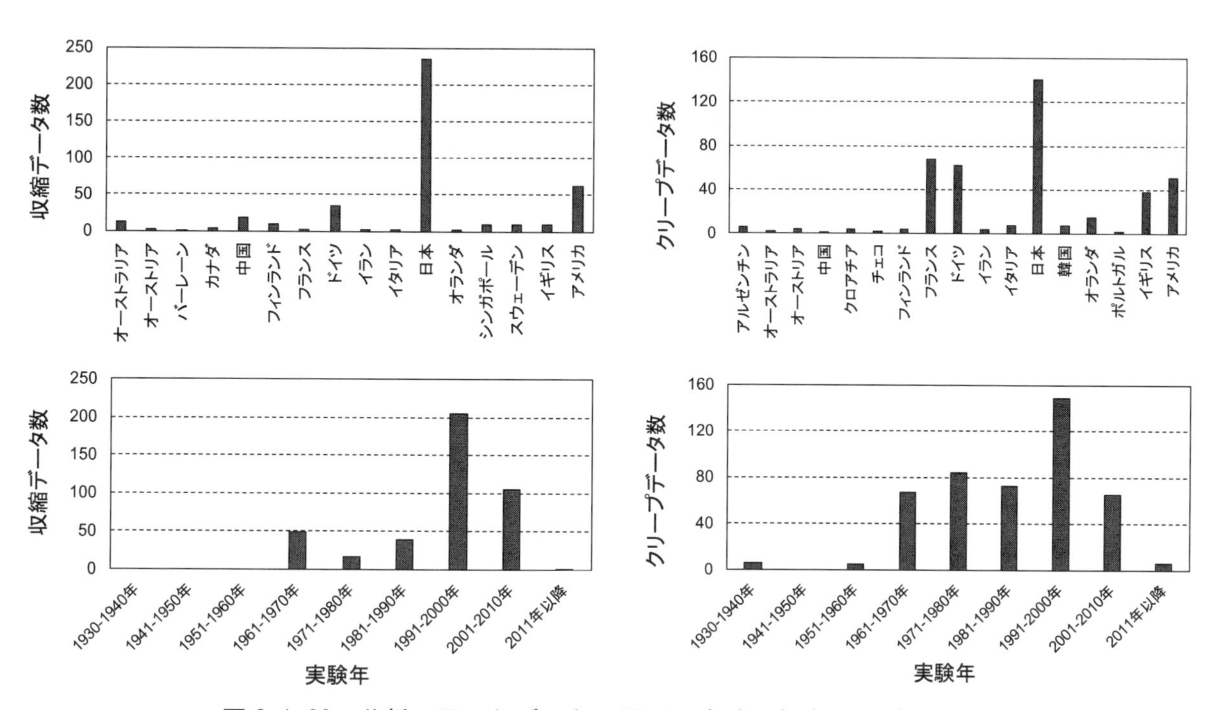

図 2. 1. 20　分析に用いたデータの国別，実験の報告年のデータ分布

(2)　比較に用いた収縮，クリープの予測式

収縮，クリープの設計の予測式は，2017 年制定のコンクリート標準示方書[3)]の式を用いた．収縮の予測式については，前項 2. 1. 1 の(2)にまとめてあるので，ここでは，クリープの式を以下にまとめる．

$$\varepsilon'_{cc}(t,t')/\sigma'_{cp} = \frac{4W(1-RH/100)+350}{12+f'(t')} \cdot log_e(t-t'+1) \tag{2.1.5}$$

$$f'_c(t') = \frac{1.11t'}{4.5+0.95t'}(-20+30C/W) \tag{2.1.6}$$

ここに，$\varepsilon'_{cc}(t,t')$：材齢 t'（日）に初載荷を行ったコンクリートの材齢 t（日）における単位応力当たりのクリープひずみ（μ/(N/mm^2)）

W　　：コンクリートの単位水量（kg/m³）
RH　　：相対湿度（%）
C/W　　：セメント水比
$f'_c(t')$：材齢 t'（日）におけるコンクリートの圧縮強度（N/mm²）

なお，クリープの t，t 'は以下の有効材齢とする．

$$\sum_{i=1}^{n} \Delta t_i \cdot exp\left[13.65 - \frac{4000}{273+T(\Delta t_i)/T_0}\right] \tag{2.1.7}$$

ここに，Δt_i　：温度が T（°C）である期間の日数
T_0　　：1℃

骨材に関連する情報のαと$\Delta\omega$は，Bazant のデータベースにないものが多かった．日本の生コンクリートのデータを集めた既往の研究[4)]では，$\alpha\Delta\omega$は概ね 50～200 kg/m³ の範囲にある．コンクリート標準示方書適用範囲外も含めた 1424 種類の収縮データを用いて，コンクリート標準示方書の予測式との RMSE を比較したところ，$\alpha\Delta\omega$=50 kg/m³ で最も小さくなったため，この値を用いることにした．

また，データベースにあるクリープのデータは，式（2.1.5）の単位クリープひずみではなく，単位クリープに載荷材齢 t 'の静弾性係数（ヤング係数）の逆数を足し合わせたコンプライアンス関数である．そこで，載荷材齢の静弾性係数 Ec(t ')（N/mm²）は，コンクリート標準示方書にある圧縮強度から推定される予測式[2)]から求めることとした．圧縮強度 f 'c(t')（N/mm²）は，式(2.1.6)から予測した．すなわち，

$$E_c(t) = \left(2.2 + \frac{f'_c(t) - 18}{20}\right) \times 10^4 \qquad f'_c(t) < 30 \tag{2.1.7}$$

$$E_c(t) = \left(2.8 + \frac{f'_c(t) - 30}{33}\right) \times 10^4 \qquad 30 \leq f'_c(t) < 40 \tag{2.1.8}$$

$$E_c(t) = \left(3.1 + \frac{f'_c(t) - 40}{50}\right) \times 10^4 \qquad 40 \leq f'_c(t) < 70 \tag{2.1.9}$$

$$E_c(t) = \left(3.7 + \frac{f'_c(t) - 70}{100}\right) \times 10^4 \qquad 70 \leq f'_c(t) < 80 \tag{2.1.10}$$

を用いて，$E_c(t)$を求め，この逆数に 106 をかけたものに，式(2.1.5)から求めた単位クリープひずみ$\varepsilon'_{cc}(t,t')/\sigma'_{cp}$を足し合わせ，クリープのコンプライアンス関数とした．なお，$f'_c(t)$が 80N/mm² を超えるデータもわずかにあり，その場合は適用範囲外ではあるが，ここでは単純に式(2.1.10)を使うこととした．

上記の予測式は，日本の実験データに基づいた経験的な回帰式であるため，材料特性や実験環境などが異なる他の国の実験データの予測には適当ではない可能性がある．しかしながら，**図 2.1.20** に示すように，検討に用いたデータベースには日本の実験データが最も多かったため，骨材など同一の条件のもと比較することにした．また，Bazant のデータベースでは，セメントとして，各種ポルトランドセメントや混合セメントも含まれているが，区別はせず，比較に用いることとした．

（3） 比較結果

図 2.2.21 に，Bazant の収縮，クリープの実験データとコンクリート標準示方書で予測した結果の比較を示す．収縮においては，用いたデータの半分以上が国内の実験であるもの，予測のばらつきが大きく，実験を過大，もしくは過小評価している．収縮が 300μ以下の 72 のデータの約 80%が国外の実験であり，セメント比が 45%以下で，乾燥開始材齢が 90 日と長いデータや，単位水量が 150kg/m^3 以下と非常に小さいデータなどが多く，日本の一般的な実験条件とは異なるために，国内データから回帰して作成された予測式では，予測が難しいといえる．一方で，収縮が 700μ以上の 83 のデータは約 95%が日本の実験であり，一部再生骨材や軽量骨材の実験も含まれているが，予測式を大きく上回る実験データがあり，上述のように骨材特性の影響が大きいと推察される．

クリープについては，国内の予測式でも他国のデータを含め，比較的精度よく予測ができている．コンプライアンス関数が 150μ/(N/mm^2)を超えるような実験は 22 ケースあったが，試験期間が 500 日から 3000 日といった長期のデータが半数以上であった．一方で，3000 日以上の実験データでも精度よく予測できているものもあり，長期の実験データについてはデータ数も少なく，一概に長期の予測精度が低いとは結論づけられない．クリープの進行は，C-S-H というミクロな観点 [5)]から，マクロな長期挙動 [6)]においても，載荷時間を変数とした対数関数に概ね比例することが知られていることから，対数関数をベースにしたコンクリート標準示方書の予測式は，長期においても一定レベルの予測精度を持つと推察される．

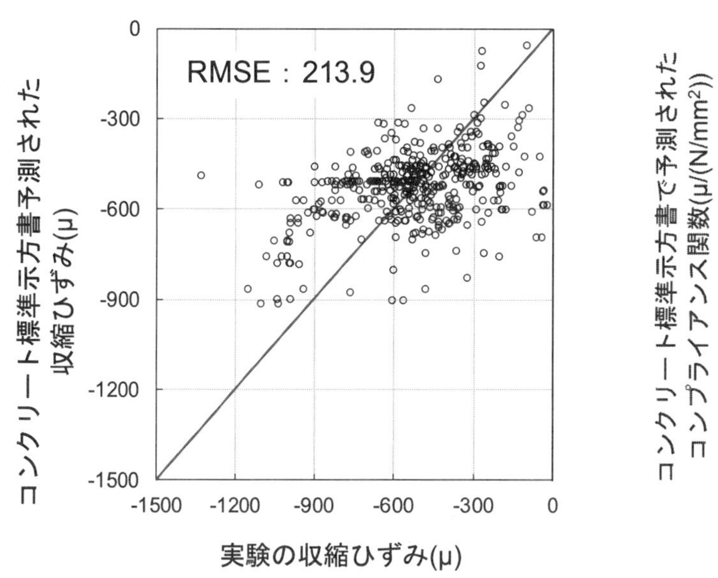

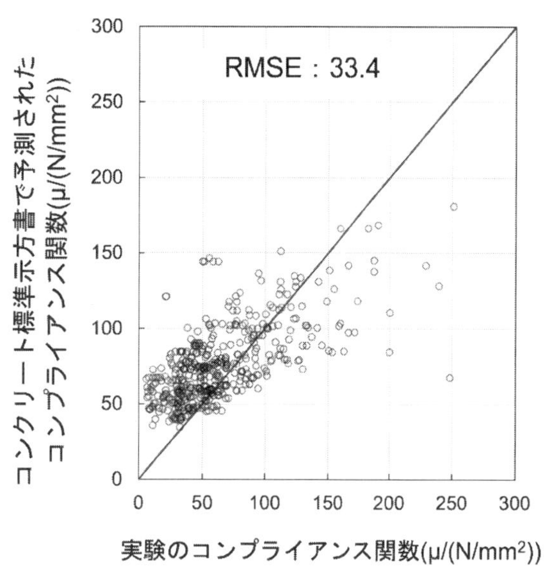

図 2.1.21　収縮，単位クリープ（コンプライアンス関数）の実験データと
コンクリート標準示方書による予測の比較

2.1.2 章の参考文献

1) Professor Zdenek P. Bazant Helpful Links: http://www.civil.northwestern.edu/people/bazant/ （最終閲覧日 2022 年 5 月 27 日）

2) Bazant, Z.P., and Li, Guang-Hua: Comprehensive database on concrete creep and shrinkage, ACI Materials Journal, 106, pp. 635–638, 2015.1

3) 土木学会：2017 年制定　コンクリート標準示方書［設計編］，pp. 43，pp.107-110，2018

4) 綾野克紀，藤井隆史，平喜彦：コンクリートの乾燥収縮ひずみの予測に関する研究，土木学会論文集 E2

（材料・コンクリート構造），Vol. 69，No. 4，pp. 421-437，2013.12

5) M. Vandamme and F.-J. Ulm: Nanoindentation investiga-tion of creep properties of calcium silicate hydrates, Ce-ment and Concrete Research, Vol. 52, pp. 38-52, 2013.10

6) Laurent Charpin, Yann Le Pape, Éric Coustabeau, Éric Toppani, Grégory Heinfling, Caroline Le Bellego, Benoît Masson, José Montalvo, Alexis Courtois, Julien Sanahuja and Nanthilde Reviron: A 12 year EDF study of concrete creep under uniaxial and biaxial loading, Cement and Concrete Research, Vol. 103, pp. 40-159, 2018.11

（執筆者：浅本　晋吾）

2. 2　実構造物のデータとの比較（PC 上部工の実物大供試体における乾燥収縮ひずみ）

2. 2. 1　概要

本項は，乾燥収縮ひずみの大きなコンクリートを用いた PC 上部工においてひび割れなどの初期欠陥が問題となっていることを受け，PC 上部工に生じる実際のひずみ量と各基準類との相関を明らかにするために平成 22 年 11 月に開始された実験の報告である [1), 2), 3), 4)]．本報告は，実験開始から 5 年間の各供試体および実橋の計測結果報告と，各基準類との対比および考察を行うものである．

2. 2. 2　実験概要

実験に用いたコンクリートは，乾燥収縮ひずみが大きくなる粗骨材 G1（硬質砂岩砕石）を用いたコンクリート（配合 No.1），乾燥収縮ひずみが標準的な粗骨材 G2（石灰石砕石）を用いたコンクリート（配合 No.2），および配合 No.1 に収縮低減剤と膨張材を添加したコンクリート（配合 No.3）の 3 種類である．それぞれのコンクリートの配合を**表 2. 2. 1** に，JIS A 1129 長さ変化試験の結果を**図 2. 2. 1** に示す．実験には**図 2. 2. 2** に示す箱桁供試体を 2 体，ウェブを切り出した寸法の角柱供試体を 5 体用いた．**表 2. 2. 2** に示すとおり，箱桁供試体 MODEL-A には配合 No.1 のコンクリートを，箱桁供試体 MODEL-B には配合 No.2 のコンクリートを，角柱供試体 model-a～model-e には配合 No.1～No.3 をそれぞれ用いた．箱桁供試体の軸方向鉄筋量は 0.6%である．角柱供試体の model-c～model-e は配合 No.2 のコンクリートを用いて，軸方向鉄筋量を変化させたものである．なお，箱桁供試体は計測を行った実橋と同一断面であり，実橋の施工には配合 No.2 のコンクリートを用いた．箱桁供試体には，ウェブの中央および表面から 100mm の位置に 4 線式ひずみ計（容量:±5,000 $\times 10^{-6}$，標点距離:100mm，見かけの弾性係数:約 40N/mm²）を埋め込み，ひずみの経時変化を測定した．本報

表 2. 2. 1　コンクリートの配合（36-12-20H）[1)]

配合	粗骨材の最大寸法 (mm)	水セメント比 (%)	空気量 (%)	細骨材率 (%)	単位量(kg/m³) 水	セメント	混和材料	細骨材 S1	細骨材 S2	粗骨材 G1(収縮:大)	粗骨材 G2(収縮:標準)
1				41.9	165	384	0	508	217	1,020	－
2	20	43	4.5	42.8				519	222	－	989
3				43.6	160	352	26	535	229	989	－

（出典 1：小林仁ほか，5 年間実環境に曝露した PC 上部工の実物大供試体における乾燥収縮ひずみ，第 25 回プレストレストコンクリートの発展に関するシンポジウム論文集，pp.547-550，2016 年 10 月）

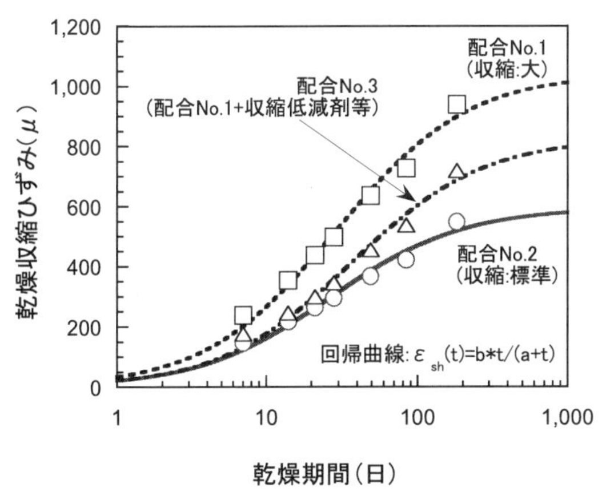

図 2.2.1　JIS A 1129 長さ変化試験の結果 1)

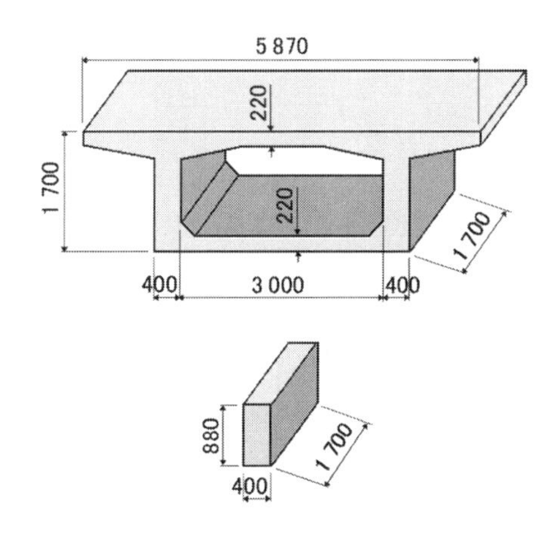

図 2.2.2　実験に用いた実物大供試体 1)

表 2.2.2　供試体の配合と軸方向鉄筋量 1)

	供試体名	配合	軸方向 鉄筋量
箱桁 供試体	MODEL-A	No.1	D13@250
	MODEL -B	No.2	D13@250
角柱 供試体	model-a	No.3	D13@250
	model-b	No.1	D13@250
	model-c	No.2	D13@250
	model-d		D22@125
	model-e		なし

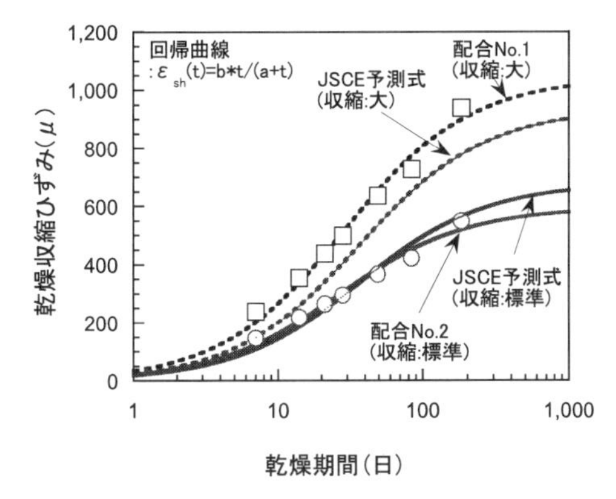

図 2.2.3　JIS 試験結果と予測式の比較 1)に一部加筆

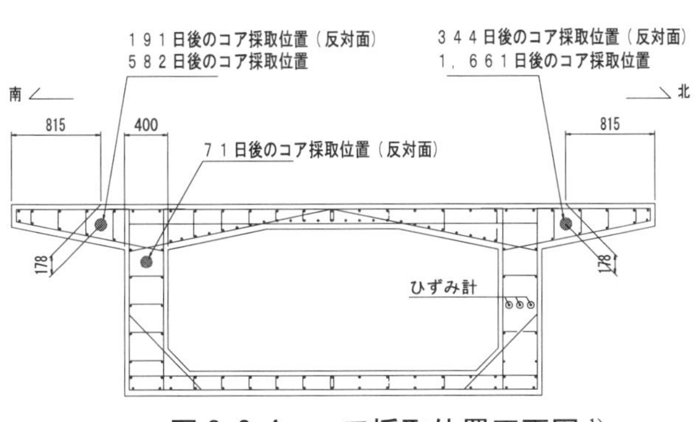

図 2.2.4　コア採取位置正面図 1)

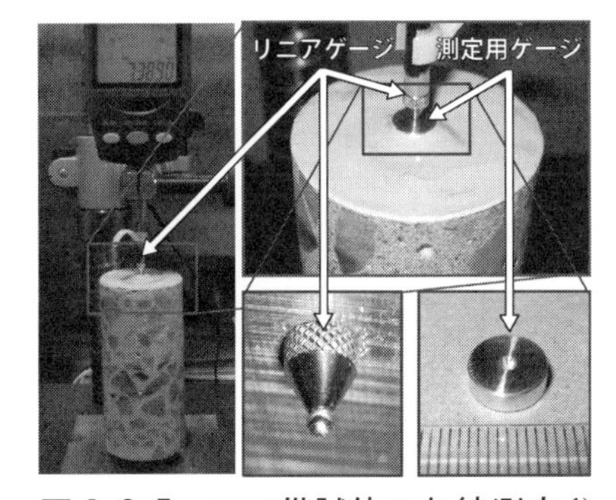

図 2.2.5　コア供試体の収縮測定 1)

（出典 1：小林仁ほか，5 年間実環境に曝露した PC 上部工の実物大供試体における乾燥収縮ひずみ，第 25 回プレストレストコンクリートの発展に関するシンポジウム論文集，pp.547-550，2016 年 10 月）

告の図に示すひずみ計の計測結果は，1 時間ごとの計測値を 1 ヶ月単位で平均し，それぞれを結んで折れ線としたものである．

2.2.3　JIS 試験結果と予測式の比較

図 2.2.3 は，**図 2.2.1** に示す配合 No.1 および配合 No.2 のコンクリートを用いて行った JIS A 1129 長さ変化試験の結果と，式(2.2.1)に示すコンクリート標準示方書の乾燥収縮ひずみの予測式[5]から得られた結果を比較したものである．ただし，予測式における骨材の品質の影響を表す係数αと粗骨材の吸水率 w_G について，配合 No.1 にはα=6 および w_G=1.98%を，配合 No.2 にはα=4 および w_G=1.00%を用いた．

$$\varepsilon'_{ds}(t,t_0)=\frac{\frac{1-RH/100}{1-60/100}\cdot\varepsilon'_{sh,inf}\cdot(t-t_0)}{\left(\frac{d}{100}\right)\cdot\beta+(t-t_0)} \qquad (2.2.1)$$

その結果，乾燥収縮ひずみが大きくなる粗骨材 G1（硬質砂岩砕石）を用いた配合 No.1 のコンクリートでは，双曲線を用いた回帰式から求まる最終値の予測値が，試験値を用いた場合 934μであるのに対して予測式からは 1041μと求まり，試験値が予測値を上回る結果となった．ただし，試験値から求まった最終値の予測値とコンクリート標準示方書の乾燥収縮ひずみの予測式から得られた最終値の比は約 1.1 倍であり，**2.1.1** 項で示された予測式に対する±50%程度の範囲内に収まるものである．一方，乾燥収縮ひずみが標準的な粗骨材 G2（石灰石砕石）を用いた配合 No.2 のコンクリートでは，予測値が試験結果を上回る結果となった．

2.2.4　計測結果

(1)　供試体の計測結果とコア供試体から求めた乾燥収縮ひずみ

供試体の乾燥収縮ひずみを測定するために，箱桁供試体 MODEL-A および MODEL-B からコア供試体を採取した．コアの採取数は型枠脱型から 71 日後，191 日後，344 日後，528 日後および 1,661 日後の計 5 回である．コアの採取位置は**図 2.2.4** に示すとおりであり，まず供試体からφ70mm×500mm のコアを採取し，そのコアを実験室にてφ50×100mm に再成形して計測に用いた．コアを採取した位置はいずれもウェブと上床版の付け根近傍で，乾燥条件に大きな差はない．φ50×100mm の円柱供試体の長さ変化の測定には，**図 2.2.5** に示すリニアゲージ(検長:100mm，最小目盛り:5/10,000mm)を用いた．箱桁供試体 MODEL-A および MODEL-B から採取したコア供試体の収縮測定結果を**図 2.2.6** および**図 2.2.7** に示す．これらの結果より，MODEL-A の乾燥収縮ひずみが，MODEL-B のものよりも大きくなっていることが分かる．また，採取日が遅くなるにつれて，乾燥収縮ひずみの最終値も小さくなっている．

次に，**図 2.2.6** および**図 2.2.7** に示す採取日が異なるコアの乾燥収縮ひずみの経時変化を双曲線で回帰し，それぞれの乾燥収縮ひずみの最終値を求めた．これらの乾燥収縮ひずみの最終値とコア採取日の関係より，**図 2.2.4** に示す箱桁供試体から採取したコアの各採取日における乾燥収縮ひずみを推定した結果[6]が，**図 2.2.8** および**図 2.2.9** に示す■である．**図 2.2.8** および**図 2.2.9** では，これらの結果と，式(2.2.1)のコンクリート標準示方書（2012 年制定）に示される乾燥収縮ひずみの計算値および供試体に埋設したひずみ計による計測結果を比較する．

式(2.2.1)中の乾燥収縮ひずみの経時変化を表す項βおよび乾燥収縮ひずみの最終値$\varepsilon'_{sh,inf}$には JIS A 1129 に従い 100×100×400mm の角柱供試体より求めた値を，部材を代表する厚さ d_b にはコアを採取した部位の厚さ 400mm を用いた．また，相対湿度には供試体を設置した現地の計測結果より，年間の平均相対湿度で

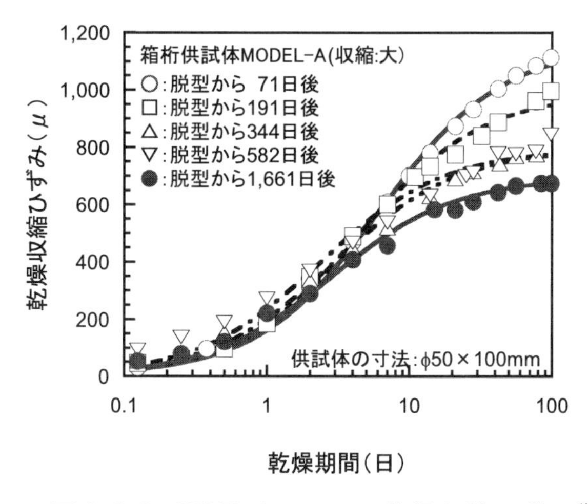

図 2.2.6　MODEL-A のコアの乾燥収縮ひずみ [1)]

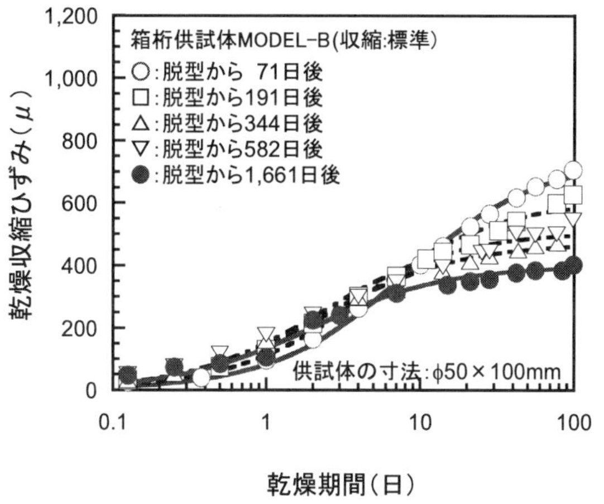

図 2.2.7　MODEL-B のコアの乾燥収縮ひずみ [1)]

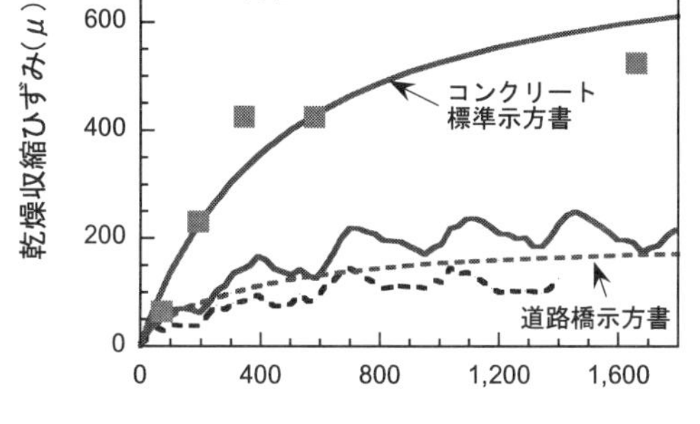

図 2.2.8　MODEL-A の乾燥収縮ひずみ [1)]

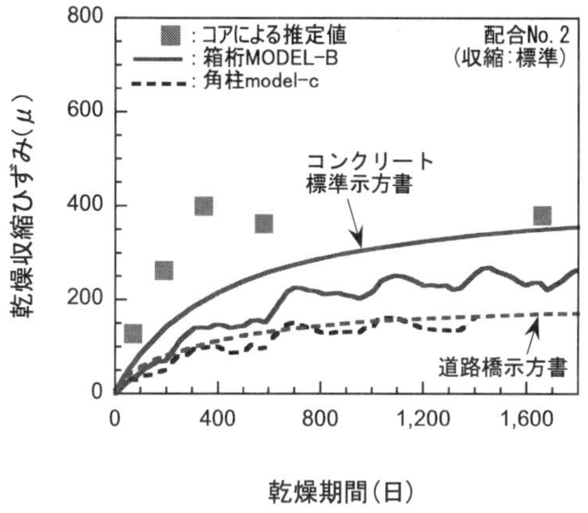

図 2.2.9　MODEL-B の乾燥収縮ひずみ [1)]

（出典 1：小林仁ほか，5 年間実環境に曝露した PC 上部工の実物大供試体における乾燥収縮ひずみ，第 25 回プレストレストコンクリートの発展に関するシンポジウム論文集，pp.547-550，2016 年 10 月）

ある 70%を用いている．これらの図から，コア供試体を用いて求めた箱桁供試体の乾燥収縮ひずみは，いずれも式(2.2.1)を用いて算出した計算値と概ね一致していることが分かる．一方，箱桁供試体のひずみ計から得られた測定値はコア供試体の乾燥収縮ひずみ量およびコンクリート標準示方書の計算値よりも小さいが，これは雨露の影響によって乾燥収縮ひずみが低減していることや，特に配合 No.1 を用いた供試体は表面のひび割れによって収縮ひずみが解放された可能性があることなどが原因だと考えられる．また，式(2.2.2)に示す道路橋示方書の計算式から算出される乾燥収縮ひずみ [7)] と箱桁供試体のひずみ計から得られた測定値は概ね近い値を示している．

道路橋示方書に示されるコンクリートの乾燥収縮ひずみ量は，乾燥収縮によって生じる不静定力がクリープによって弾性理論より小さくなることを加味して低減する，と記載されている [8)] が，本実験では構造的な拘束の小さい供試体で計測した乾燥収縮ひずみ量が，前述のような影響を受けた結果，道路橋示方書の値と同程度となったと推察される．なお，式(2.2.2)を用いた計算において，箱桁供試体の h_{th} は 560mm とし，相対湿度は 70%として計算を行った．

$$\varepsilon_{CS}(t,t_0) = \varepsilon_{S0} \cdot \beta_S(t-t_0) \qquad (2.2.2)^{7)}$$

ここに，$\varepsilon_{CS}(t,t_0)$ ：コンクリートの乾燥開始材齢 t_0 日から材齢 t までの乾燥収縮度

t_0 および t: 湿潤養生されて硬化した，ポルトランドセメントを用いたコンクリートの材齢(日).
コンクリート温度によって式(2.2.3)で補正する.

$$t\text{または}t_0 = \sum (T + 10) \cdot \Delta t'/30 \quad (2.2.3)^{7)}$$

T　：コンクリートの温度(℃)

$\Delta t'$　：コンクリートの温度が T℃である期間の日数(日)

ε_{CS}　：コンクリートの基本乾燥収縮ひずみであり，環境条件に応じて**表 2.2.3** に示す値を用いる.

$\beta_S(t)$　：コンクリートの材齢 t 日および部材の仮想厚さ h_{th}（式(2.2.4)により算出される）に関する関数であり，**図 2.2.10** に示す値を用いる.

$$h_{th} = \lambda \cdot A_C/u \quad (2.2.4)^{7)}$$

h_{th}　：部材の仮想厚さ(mm)

λ　：環境条件に関する係数で**表 2.2.4** に示す値を用いる.

A_C　：部材の断面積(mm²)

u　：外気に接する部材の周長(mm)

表 2.2.3　環境条件による ε_{S0} の値 [7]

環境条件	ε_{S0}
水中	-10×10^{-5}
相対湿度 90%	$+10\times10^{-5}$
〃 70%	$+25\times10^{-5}$
〃 40%	$+50\times10^{-5}$

表 2.2.4　環境条件による λ の値 [7]

環境条件	λ
水中	60
相対湿度 90%	10
〃 70%	3
〃 40%	2

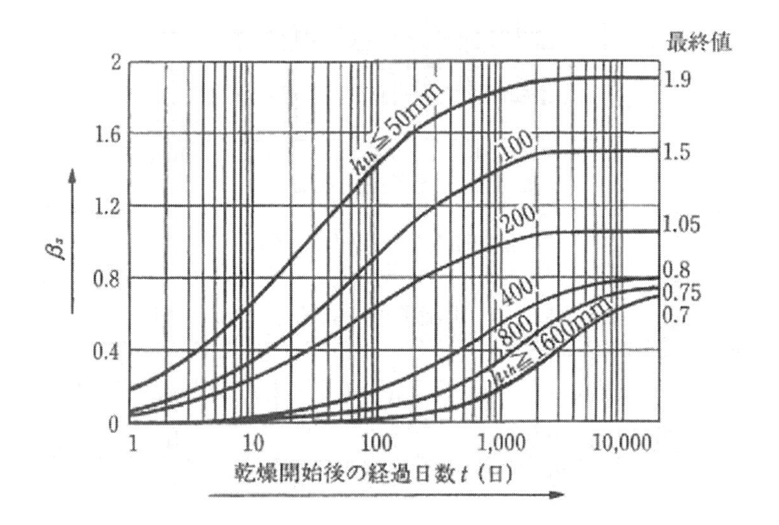

図 2.2.10　β_S(t) の値 [7]

（出典 7：日本道路協会，道路橋示方書・同解説Ⅲコンクリート橋・コンクリート部材編，pp.46-53，2017 年）

(2)　箱桁供試体のひび割れ状況

図 2.2.11 は，箱桁供試体および角柱供試体の暴露試験状況である．**図 2.2.12** は，配合 No.1 のコンクリートで製作した箱桁供試体 MODEL-A と配合 No.2 のコンクリートで製作した箱桁供試体 MODEL-B の写真である．写真に示す赤線はひび割れ幅が 0.1mm 以上のもの，青線は 0.1mm 未満のものである．この写真から明らかなように，乾燥収縮ひずみが大きくなる粗骨材 G1 を用いた配合 No.1 のコンクリートで製作した箱桁供試体 MODEL-A の方が，MODEL-B に比して多くのひび割れが生じていることが分かる．なお，本箱桁供試体は実橋同様に下床版およびウェブを先行打設し，上床版を後で打設したため，上床版下面のひび割れは先行施工した下床版およびウェブの拘束を受けた影響を含む.

(3)　角柱供試体(400×880×1700mm)の計測結課

図 2.2.13 に角柱供試体 model-a～e の計測結果を示す．まず乾燥収縮ひずみが標準的な粗骨材を用いたコ

ンクリート(配合 No.2)で製作した model-c，model-d および model-e について，これらの供試体はその軸方向鉄筋量が異なり，鉄筋比はそれぞれ標準的な配筋量である0.36%，その5倍強である1.98%および無筋の0.00%である．この図から分かるように，それぞれの角柱供試体の乾燥収縮ひずみ量は，鉄筋量が多く拘束効果が大きな順に小さくなっていることが分かる．乾燥期間 1400 日における無筋の model-e の乾燥収縮ひずみは，

図 2.2.11　箱桁供試体および角柱供試体の設置状況 2)

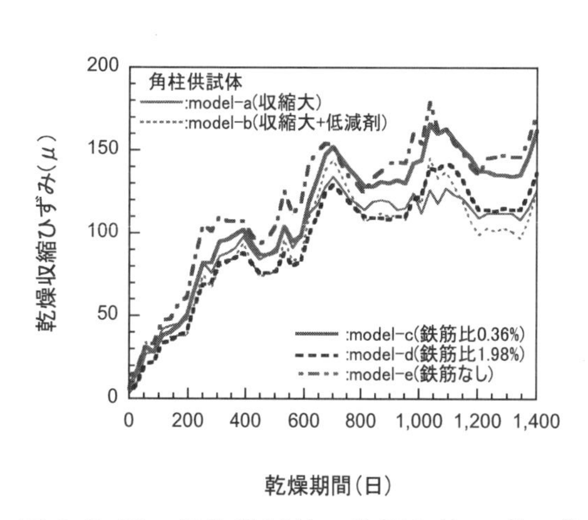

図 2.2.13　角柱供試体の乾燥収縮ひずみ 1)

（出典2：小林仁ほか，PC 上部工の実物大供試体による乾燥収縮ひずみの測定，第20回プレストレストコンクリートの発展に関するシンポジウム論文集，pp.151-154，2011 年 10 月）

（出典1：小林仁ほか，5年間実環境に曝露した PC 上部工の実物大供試体における乾燥収縮ひずみ，第25回プレストレストコンクリートの発展に関するシンポジウム論文集，pp.547-550，2016 年 10 月）

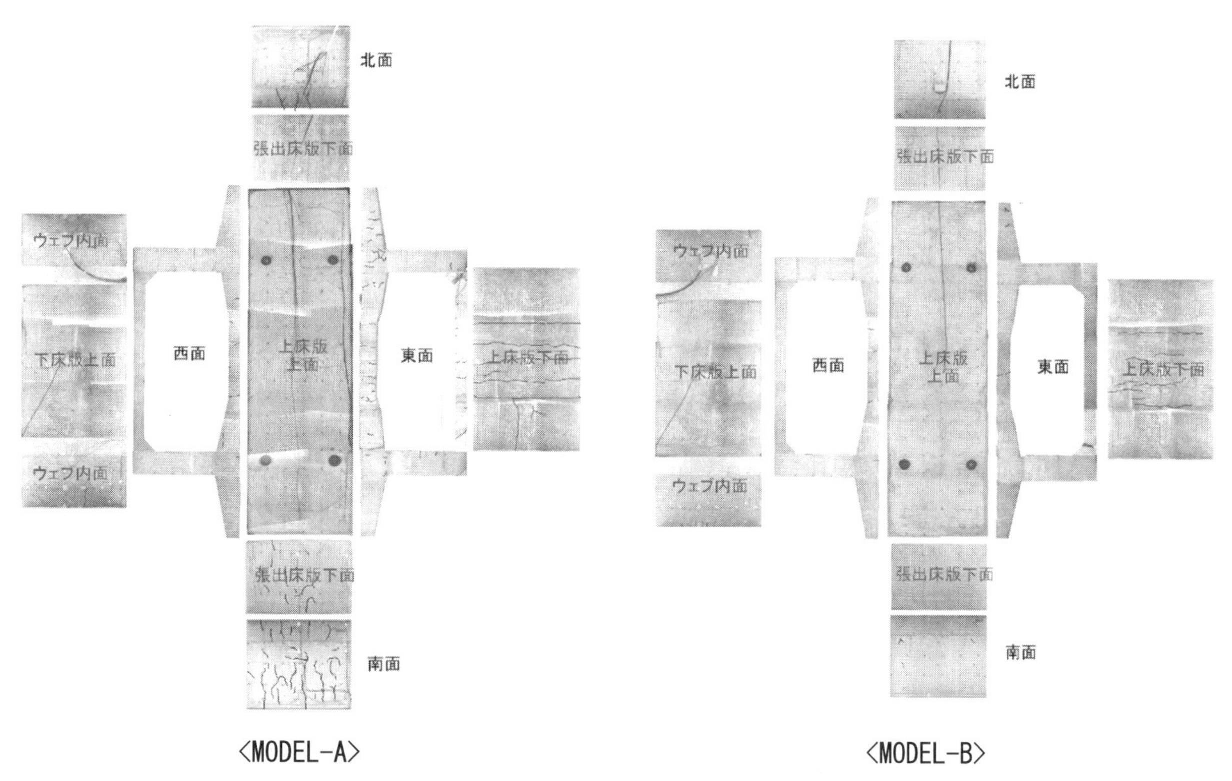

図 2.2.12　箱桁供試体のひび割れ状況

173μ であり，これに対して鉄筋量 0.36%の model-c が約 0.94 倍の 162μ，鉄筋量 1.98%の model-d が約 0.79 倍の 136μ である．箱桁供試体の鉄筋量が 0.6%であること鑑みると，無筋の場合に比して 10%程度の収縮拘束効果は見込まれるが，**図 2.2.8** で示した予測式と計測値の乖離ほどの低減効果はないと考えられる．

また，乾燥収縮ひずみが大きくなる粗骨材を用いたコンクリート（配合 No.1）で製作した model-a および model-b は，配合 No.2 で製作した角柱供試体と同程度の乾燥収縮ひずみを示しているが，これは供試体表面のひび割れによって収縮ひずみが解放された可能性があることなどが原因であると考えられる．また，角柱供試体の計測結果は，いずれも同じ骨材と同じ軸方向鉄筋量で製作した箱桁供試体の結果よりも小さな値となっている．これは，角柱供試体の体積表面積比が箱桁供試体のそれよりも約 30%大きいことや，箱桁供試体のように上床版が存在しないことから雨露など外部環境の影響を受けやすかったことが原因であると推測される．

(4)　実橋の計測結果

実橋でのひずみ計測は**図 2.2.14** に示す PC 箱桁方杖ラーメン橋で行い，写真に示すように箱桁供試体と同断面である箇所のウェブにひずみ計を設置して行った．**図 2.2.15** は，実橋の橋軸方向のひずみ計測結果を示す．この図から分かるように，乾燥期間 5 年におけるウェブ外側，中央および内側の橋軸方向のひずみ量はいずれも約 600μ である．この計測値は，主桁の軸方向に対して導入されたプレストレスによる弾性変形およびクリープの影響を含んでいる．道路橋示方書よりプレストレス導入から 5 年後のクリープひずみおよび弾性変形量を求めると合計で約 430μ となる．よって，クリープの影響を控除した実橋の乾燥収縮ひずみ量は約 170μ となる．これは図中に示す無応力計の計測結果と概ね一致する．また，**図 2.2.8** および**図 2.2.9** に示す箱桁供試体 MODEL-A および MODEL-B のひずみ計による計測結果とも概ね一致する．

図 2.2.14　実橋の計測位置 1)

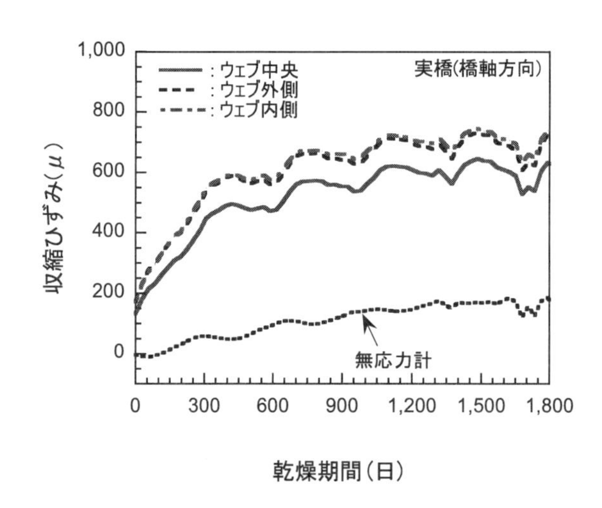

図 2.2.15　実橋の計測結果 1)

（出典 1：小林仁ほか，5 年間実環境に曝露した PC 上部工の実物大供試体における乾燥収縮ひずみ，第 25 回プレストレストコンクリートの発展に関するシンポジウム論文集，pp.547-550，2016 年 10 月）

(5)　本項のまとめ

箱桁供試体からコア供試体を採取して求めた乾燥収縮ひずみは，部材厚を考慮したコンクリート標準示方書の予測式から求まる計算値と概ね一致することが分かった．

箱桁供試体 MODEL-A およびに MODEL-B に設置したひずみ計で計測した乾燥収縮ひずみは，いずれもコンクリート標準示方書の予測式から求まる計算値より小さい．これは，供試体の乾燥収縮ひずみが雨露の影響によって低減した可能性があると考えられる．特に，配合 No.1 を用いた箱桁供試体 MODEL-A は，表面のひび割れによってひずみが解放されたために乖離が大きくなったと考えられる．なお，軸方向鉄筋の拘束の影響も考えられるが，乾燥収縮の拘束効果は 10%程度と見込まれ，予測式と計測値の大幅な乖離の主原因ではないと考えられる．

実橋のウェブ内に設置したひずみ計から得られた計測値は，クリープひずみおよび弾性変形量を考慮すると箱桁供試体に設置したひずみ計の計測値と概ね一致することが分かった．

実橋および箱桁供試体の乾燥収縮ひずみの計測値は，道路橋示方書の計算値より若干大きいか同程度であることが分かった．道路橋示方書は，上述のように，クリープによる応力緩和の影響を考慮するために算出されるひずみ量を低減しており，本実験のように構造的な拘束の小さい供試体では，結果的に測定値に近い予測になった．実構造物で乾燥収縮による不静定力が原因で構造的な変状が問題となった経緯がないことを鑑みると，150～200μ 程度で設定された道路橋示方書の乾燥収縮ひずみは妥当だと考えられる．ただし，箱桁供試体 MODEL-A のようにひび割れでコンクリート表面のひずみが解放された結果，部材断面の平均ひずみが低減している場合は，鋼材の劣化因子の侵入に対する抵抗性が低下するため，耐久性に留意しなければならない．

2.2 章（2.2.1～2.2.4 章）の参考文献

1) 小林仁，河中涼一，藤井隆，綾野克紀：5 年間実環境に曝露した PC 上部工の実物大供試体における乾燥収縮ひずみ，第 25 回プレストレストコンクリートの発展に関するシンポジウム論文集，pp.547-550，2016.10
2) 小林仁，樫原一起，國年滋行，宮川豊章：PC 上部工の実物大供試体による乾燥収縮ひずみの測定，第 20 回プレストレストコンクリートの発展に関するシンポジウム論文集，pp.151-154，2011.10
3) 河中涼一，小林仁，宮腰一也，宮川豊章：PC 上部工の実物大供試体と実橋における乾燥収縮ひずみの測定，第 21 回プレストレストコンクリートの発展に関するシンポジウム論文集，pp.363-366，2012.10
4) 河中涼一，小林仁，冨吉末広，宮川盤章：約 2 年間実環境に曝露した PC 上部工の実物大供試体における乾燥収縮ひずみ，第 22 回プレストレストコンクリートの発展に関するシンポジウム論文集，pp.199-202，2013.10
5) 土木学会：2017 年制定　コンクリート標準示方書［設計編］，pp.106-107，2018
6) 小林仁，先本勉，藤井隆史，綾野克紀，宮川豊章：乾燥収縮ひずみに与える部材寸法の影響，土木学会論文集 E2(材料・コンクリート構造)，Vol.69，No.4，pp.377-389，2013.11
7) 日本道路協会：道路橋示方書・同解説Ⅲコンクリート橋・コンクリート部材編，pp.46-53，2017
8) 日本道路協会：道路橋示方書・同解説Ⅲコンクリート橋・コンクリート部材編，pp.42-43，2017

（執筆者：河中　涼一）

第3章　収縮，クリープの設計予測式の精度向上に向けた検討

3.1 材料特性値におけるパラメータの検討

3.1.1 コンクリートの収縮予測における骨材品質の影響評価

1 章で記述したように，2012 年制定コンクリート標準示方書［設計編］[1]において，コンクリートの収縮の特性値（100×100×400mm 供試体，水中養生 7 日後，温度 20℃，相対湿度 60%の環境下で 6 か月乾燥後の収縮ひずみ）を試験によらず定める場合の予測手法として，骨材の吸水率を考慮するとともに骨材の品質の影響を表す係数αを導入した 2 章の式(2.1.1)に示される新しい予測式（以下，土木学会式）が提案された．

また，土木学会式による予測値と実験データを比較することにより，骨材の品質として粗骨材の乾燥収縮率を組み込んだ式(3.1.1)～(3.1.2)により予測式の高精度化できることが報告されている[2]．土木学会式との主な相違点は，①骨材の品質を表す係数αを粗骨材の吸水率と乾燥収縮率を組み合わせたαで表し，その影響を粗骨材に限定したこと，②細骨材が有する水分量の影響をコンクリートの単位水量の一部に組み込むことにより考慮したことである．これは，コンクリートと粗骨材の乾燥収縮率には強い相関があること，コンクリートの乾燥収縮率に及ぼす影響は細骨材よりも粗骨材のほうが相対的に大きいという実験事実を反映したものである．

$$\varepsilon_C = 2.4(W_M + 1.2\alpha' \cdot R\Delta\omega_G) \tag{3.1.1}$$

$$W_M = W + \Delta\omega_S \tag{3.1.2}$$

$$\alpha' = \frac{\sqrt{\varepsilon_G}}{\omega_G} \tag{3.1.3}$$

ここに，ε_C　：コンクリートの乾燥収縮率の実測値($\times 10^{-6}$)

W_M　：モルタル中に含まれる水分量(kg/m^3)

α'　：粗骨材の品質の影響を表す係数

ε_G　：粗骨材自体の乾燥収縮率($\times 10^{-6}$)

さらに，α′を一般的な骨材物性から誘導できるよう，粗骨材の吸水率からなる式(3.1.4)，(3.1.5)が併せて提案されている．同式は，**図 3.1.1** に示す粗骨材の乾燥収縮率と吸水率の関係より，粗骨材の岩種が砕屑岩と砕屑岩以外に場合分けされている．この点については，土木学会式が骨材の品質によってαを変化させることと近い評価手法と捉えられる．α′は，砕屑岩が砕屑岩以外の粗骨材に対して 1.7 倍であるのに対し，土木学会式のαは最大で 1.5 倍(=6/4)変化することを踏まえると，両者の粗骨材の影響度は，ほぼ同程度に評価していると考えられる．

$$\alpha' = \frac{10}{\sqrt{\omega_G}} \quad \text{（砕屑岩以外）} \tag{3.1.4}$$

$$\alpha' = \frac{17}{\sqrt{\omega_G}} \quad \text{（砕屑岩以外）} \tag{3.1.5}$$

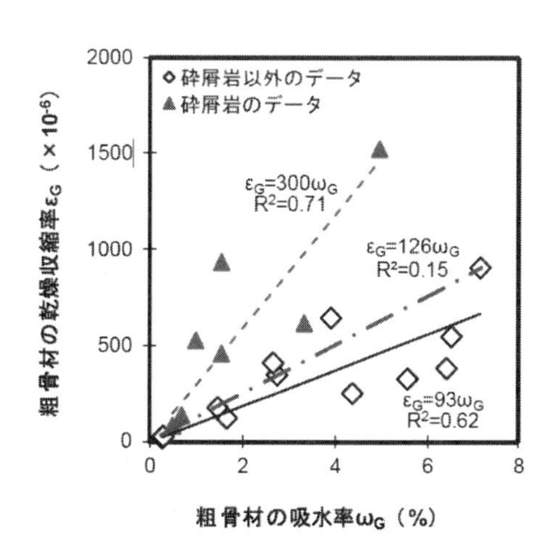

図 3.1.1　粗骨材の乾燥収縮率と吸水率の関係

3.1.1 章の参考文献

1)　土木学会：2012 年制定　コンクリート標準示方書［設計編］，2013.
2)　山田宏，片平博，渡辺博志，下村匠：骨材の品質の影響に着目したコンクリートの乾燥収縮率の予測に関する検討，土木学会論文集 E2（材料・コンクリート構造），Vol.76，No.2，pp.109-118，2020.

（執筆者：兵頭　彦次）

3.1.2　骨材収縮の岩石学的特徴

コンクリートの収縮を規定する要因については，これまで多くの研究が行われている．Fujiwara による総括的論文 [1]によれば，骨材の収縮の影響要因として，粒径も含めた形態特性，比重，吸水率，弾性係数，比表面積が挙げられている．また，骨材の収縮に関しては比表面積と吸水率，およびヤング係数との関係 [2-7]，緑泥石の含有量 [8]，粘土鉱物の脱水 [8-9]などの指摘がある．さらに，骨材の種類や堆積時代の違いが要因であるとの指摘もある [10-11].

最近の研究 [12]によれば，骨材（主に砂岩）の乾燥収縮はその変質や変成の種類に依存し，特に構成鉱物の種類や含有量，結晶間間隙に影響されると考えられている．砂岩の場合，変質初期の岩石の収縮は大きいが，変質～変成作用が進行すると次第に収縮は小さくなること，二次的な A 型白雲母の存在はその過渡期であることを示し，骨材の収縮を評価する上で重要な岩石学的特徴である可能性が示されている．このような変質～変成作用は乾燥収縮だけでなく，空隙構造や水蒸気脱着量にも強く影響し（**図 3.1.2**），水蒸気脱着量と骨材の乾燥収縮との間には正の相関関係が確認されている（**図 3.1.3**）．骨材の地質年代と乾燥収縮は必ずしも一致せず，堆積時から現在までの地温勾配や圧密等の違いが骨材の空隙構造に影響し，その結果として水蒸気脱着量や乾燥収縮が大きく変化すると考えられている．

このような岩石学的特徴を工学的な数値として取り扱うことは現状難しいが，骨材自身の乾燥収縮を推定する上では重要な視点である．工学的な試験として，Igarashi ら [8]は 105～600℃の乾燥減量によって，また Fujiwara[1]，Imamoto & Arai[3]，Kawabata ら [12]は水蒸気吸脱着量で骨材収縮を評価できる可能性を報告している．これらの試験で得た特性値を用いてどのようにコンクリートの乾燥収縮，特に骨材の品質の影響を表す係数（α）に展開するかについては，さらなる検討が必要である．

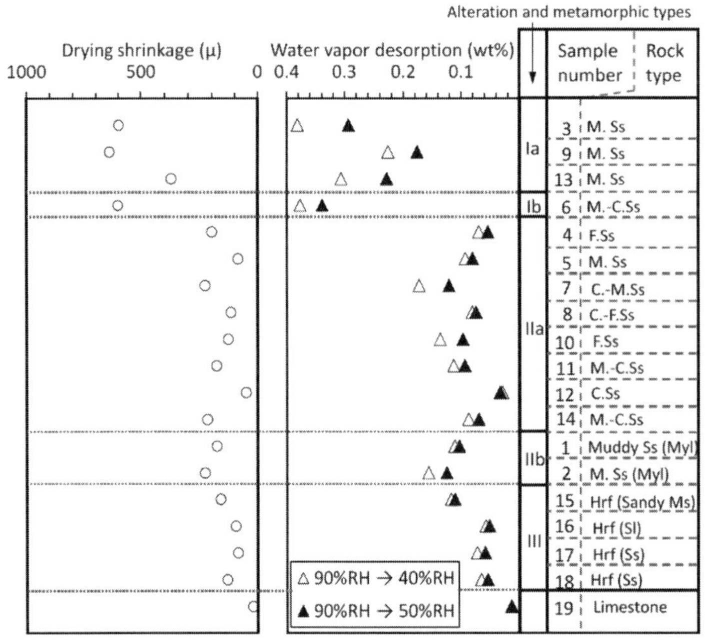

図 3. 1. 2　骨材の岩石学的特徴と乾燥収縮および水蒸気脱着量の関係 12)

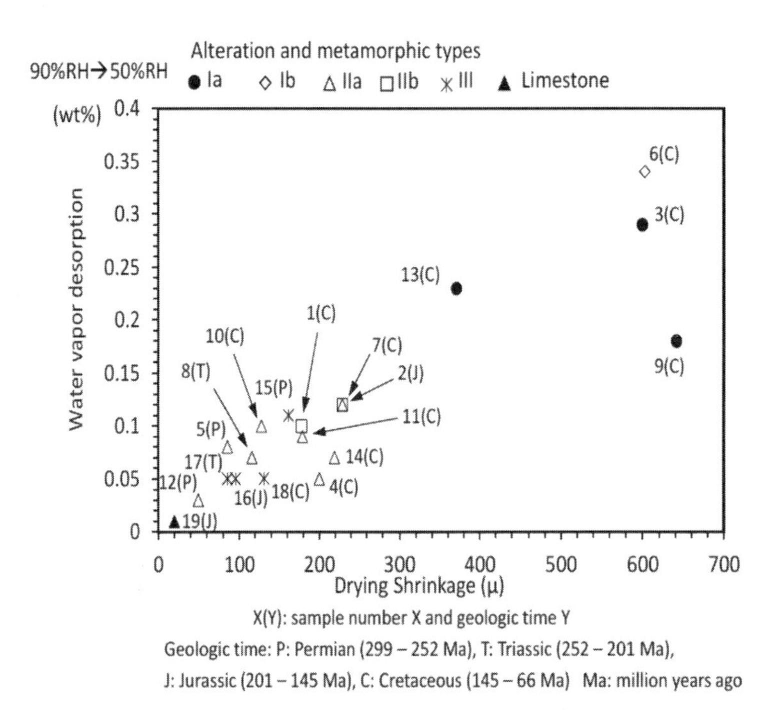

図 3. 1. 3　骨材の水蒸気脱着量と乾燥収縮の関係 12)

（出典 12 : Y. Kawabata ほか, Petrological assessment of drying shrinkage of sedimentary rock used as aggregates for concrete, Materials & Design, Vol. 209, 109922, 2021 年）

3. 1. 2 章の参考文献

1) Fujiwara, T.: Effect of aggregate on drying shrinkage of concrete, Journal of Advanced Concrete Technology, Vol. 6, pp. 31-44, 2008.2

2) 田中博一, 橋田浩 : 骨材の種類がコンクリートの乾燥収縮に及ぼす影響. コンクリート工学年次論文集, Vol.31. No.1, pp.553-558, 2009.7

3) Imamoto, K. and Arai M.: Simplified evaluation of shrinkage aggregate based on BET surface area using water vapor, Journal of Advanced Concrete Technology, Vol. 6, pp. 69–75, 2008.2
4) 後藤貴弘，高尾昇，鳴瀬浩康：骨材の細孔構造とコンクリートの乾燥収縮，「コンクリートの収縮特性評価およびひび割れへの影響に関するシンポジウム」論文集，日本コンクリート工学協会，pp.7-12，2010
5) 真野孝次，中村則清：砕石の品質がコンクリートの乾燥収縮に及ぼす影響に関する実験的研究．日本建築学会退会学術講演梗概集（北陸）,933-934，2010.7
6) 堀口直也，五十嵐豪，丸山一平：含水率の変化による骨材の体積変化に関する基礎研究．コンクリート工学年次論文集, vol.33, No.1，pp.131-136，2011.7
7) 田中希枝，島弘：骨材の乾燥収縮とヤング係数を用いたコンクリートの乾燥収縮に関する複合モデルの検証．土木学会論文集 E2（材料・コンクリート構造），Vol.68, No.1, pp.72-82，2012.3
8) G.Igarashi, I. Maruyama, Y. Nishioka, and H. Yoshida: Influence of mineral composition of siliceous rocks on its volume change.　Construction and Building Materials, 94, 701-709，2015.7
9) 須藤定久：岩石・鉱物から見たコンクリートの乾燥収縮①　収縮の原因とプロセス・対処法を考える．骨材資源，Vol.42，pp.16-24，2010.6
10) 糟谷守，樋渡一輝，高田浩夫，森本博昭：各種コンクリート用骨材の乾燥収縮特性について．コンクリート工学年次論文集, Vol.31, No.1，pp. 559-563，2009.7
11) 渡辺博志，片平博，伊佐見和大，山田宏：骨材がコンクリートの凍結融解抵抗性と乾燥収縮に与える影響と評価試験法に関する研究．土木研究所資料，第 4199 号，61p，2011.3
12) Y. Kawabata, M. Yahata and S. Hirono: Petrological assessment of drying shrinkage of sedimentary rock used as aggregates for concrete, Materials & Design, Vol. 209, 109922, 2021

（執筆者：川端　雄一郎）

3.1.3　機械学習によるパラメータの回帰分析

コンピューターの計算処理能力とデータ保存容量の著しい進歩とともに，デジタルビッグデータの蓄積とそのデータの分析技術は近年飛躍的に発展しており，AI の活用があらゆる分野で進んでいる．一方で，土木分野では，コンクリートのひび割れや異常検知やなど画像処理を中心とした活用が多く，数値データそのものに活用したデータマイニングの事例は少ない．本節では，Bazant の収縮，クリープのデータベース，生コンクリート工業連合会の収縮実験データを機械学習により回帰分析を行い，目的変数に対する説明変数の重要度を求めることが可能であり，数多くの収縮実験データをもとに，予測式に用いられていないパラメータも含め，乾燥収縮の影響要因について網羅的に解析する．

（1）　Bazant の収縮，クリープデータベースを用いた回帰分析

a)　　分析に用いた収縮，クリープデータ

2 章でも活用した Bazant が無料で公開している収縮，クリープのデータベース[1]を機械学習の学習データとして用いた．できるだけ多くのデータを学習させるため，コンクリート標準示方書の適用範囲外のデータも活用しながらも，設計式と精度比較を行うため，水セメント比，単位セメント量（もしくは単位水量），体積表面積（以下，V/S），乾燥開始材齢，載荷材齢（クリープのみ），相対湿度（以下，RH），温度の情報がある実験を学習データとして抽出した．ただし，W/C が 100%以上の実験結果は，セメントペーストの剛性が小さく骨材特性によるばらつきも大きいことから，除外した．また，クリープは強度に大きく依存すること

が一般に知られており，材齢 28 日の圧縮強度の情報があるデータを用いることとした．収縮，クリープの各実験で計測の時系列データがあるものの，収縮，クリープを大きくする要因分析を目的として，各実験の終局値を用いた．結果的に，1424 種類の収縮データ，1122 種類のクリープデータを回帰分析に用いた．**図 3.1.4** に，分析に用いた実験データの国別，実験の報告年のデータ分布を示す．

なお，2 章と同様に，データベースにあるクリープのデータは，単位クリープに載荷材齢の静弾性係数の逆数を足し合わせたコンプライアンス関数であり，コンクリート標準示方書の予測には，2 章と同様に手法でコンクリート標準示方書から静弾性係数を推定して求め，機械学習には，実験のコンプライアンス関数のデータをそのまま学習させた．

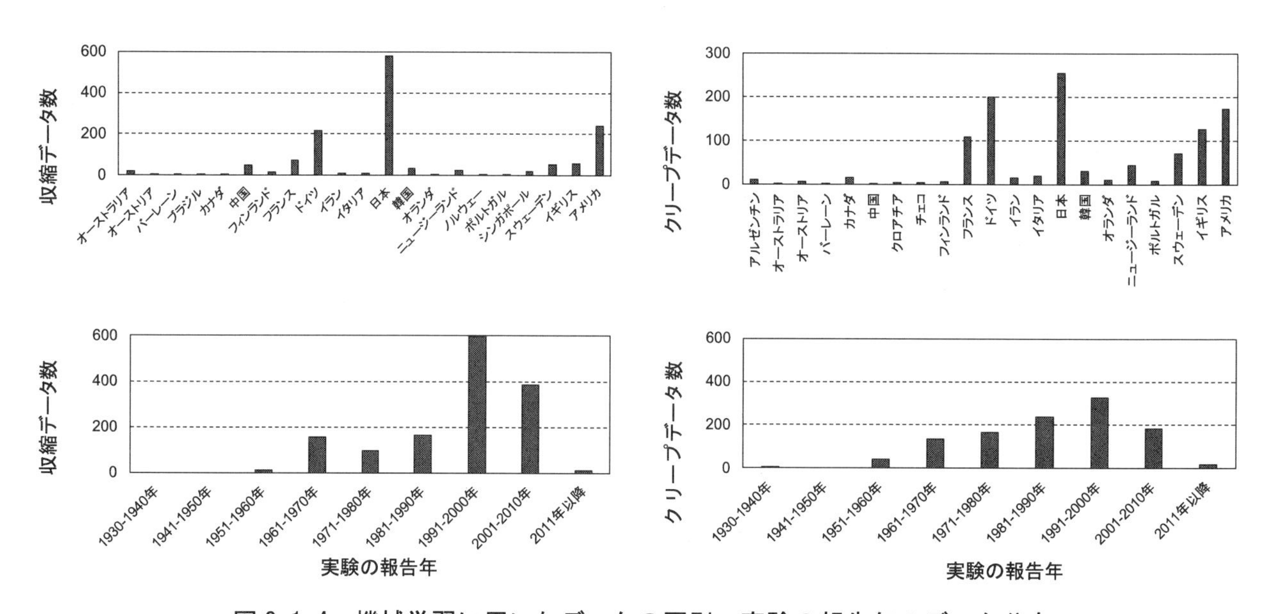

図 3.1.4　機械学習に用いたデータの国別，実験の報告年のデータ分布

b)　機械学習モデル及びパラメータ設定

機械学習による回帰は，ランダムフォレスト（以下，RF）とニューラルネットワーク（以下，NN）のアルゴリズムを用いた．Python でプログラムを構築し，RF にはライブラリ sklearn の RandomForestRegressor を活用し，NN には Chainer を活用した．RandomForestRegressor のオプションは，決定木の数は 100，決定木深さの最大値は指定しないなど，すべてデフォルトのままとした．Chainer における活性化関数は ReLU 関数で，最適化アルゴリズムは adam とし，エポック数は，事前検討で概ね収束性を確保できた 1000 回に統一した．中間層，各層のニューロン数については，事前の感度解析の結果，中間層は 1 層とし，ニューロン数は予測子のパラメータの約 2 倍の 20 個として，計算を行うことにした．

収縮の学習には，実験の報告年（西暦），W/C，単位セメント量，単位水量，V/S，乾燥開始材齢，温度，実験中の RH，乾燥日数（実験終局時）の 9 パラメータを予測子（独立変数）として用いた．クリープの学習には，上記（乾燥開始材齢は，載荷開始材齢）に加え，材齢 28 日の圧縮強度の 10 パラメータを予測子（独立変数）として用いた．すべての予測子，収縮，クリープの実験値は，標準化スケーリングを施した．学習は，交差検証として，参考文献ごとにデータを分割し，各文献の実験シリーズ以外のデータで学習させて，その実験シリーズをテストする手法とした．また，RF は決定木の構築の過程で乱数を用いており，また NN では初期の重みを乱数で決めており，それぞれ計算ごとに予測結果が異なるため，RF，NN のどちらも 5 回の計算の平均を取ることとした．機械学習の事前の感度解析などの詳細は，参考文献 2)を参照されたい．

c)　収縮データの機械学習による予測及び予測子の重要度分析

1424個の収縮の実験データを，機械学習で予測した結果を**図3.1.5**に示す．精度比較のため，コンクリート標準示方書の予測式と実験との比較も示したが，適用範囲外のデータも含まれるため，RMSEによれば，コンクリート標準示方書の予測式は最も低い予測精度となった．一方で，機械学習を用いると，RF，NNともに，予測と実験を結んだ直線近くで斜めに広く分布し，機械学習を用いると，高湿度での膨張や各種条件に依存する収縮のわずかな違いも再現でき，コンクリート標準示方書の予測式に比べ高い予測精度につながったと考えられる．また，NNに比べると，本データベースでは，RFの方が予測精度は高くなった．

RFによる回帰では，各予測子が回帰にどの程度寄与しているのかを示す重要度を算出することができる．収縮のデータベースを用いたRFによる各予測子の重要度を**図3.1.6**に示す．重要度はRHが最も大きく，次に単位水量，V/S，乾燥日数など，一般に収縮に寄与すると認識されている材料，環境条件[3)]を適切に示しているといえる．これらの影響は設計上も配慮され，コンクリート標準示方書の予測式でも計算パラメータとして組み込まれているが，本データベース内では，RFがコンクリート標準示方書より精度高く予測できており，各条件の寄与をより適切に反映できていると考えられる．注目すべきは，実験の報告年の重要度が高く，実験を行った各年代におけるセメントや骨材の材料特性の違いが収縮に影響を与えている可能性がある．

RF，NNで実験データと大きく乖離しているものは，RH=100%で，W/Cも0.6以上と大きいデータ（データベース[5)]のe_074_19～_26），単位水量が277～281kg/m^{3}とかなり大きいデータ（データベース[5)]のS_003_01～_03），RH=99%で W/C=0.57 にもかかわらず収縮が-1171～-1392μ と大きいデータ（データベース[5)]のA_004_04～_07），自己収縮が卓越すると考えられるW/C=0.16という低W/CでRH=99%の環境で256～360μと膨張ひずみを呈しているデータ（データベース[5)]のA_085_04～_06）などで，実験条件が極端の場合や実験結果の信ぴょう性に疑問がある場合であった．他のばらつきについては，学習で区別しなかったセメント

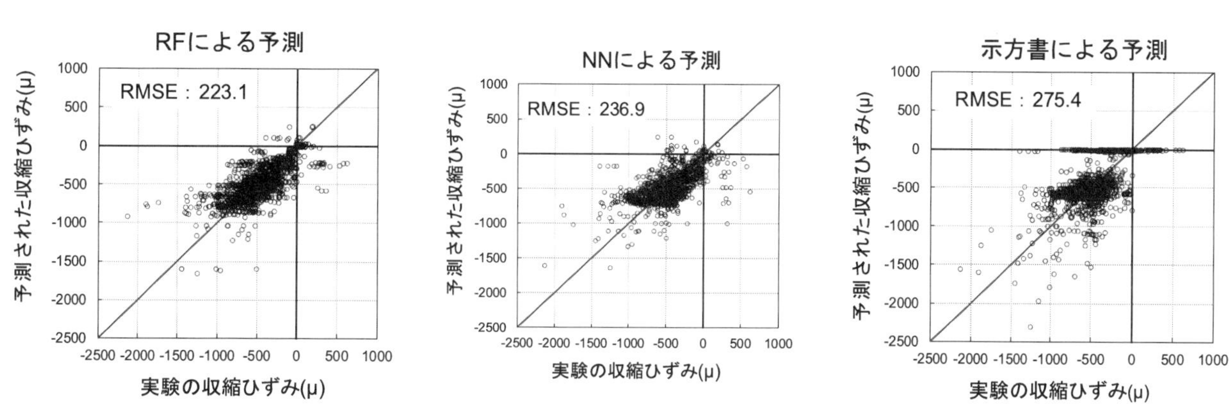

図3.1.5　機械学習及びコンクリート標準示方書による収縮ひずみの予測結果

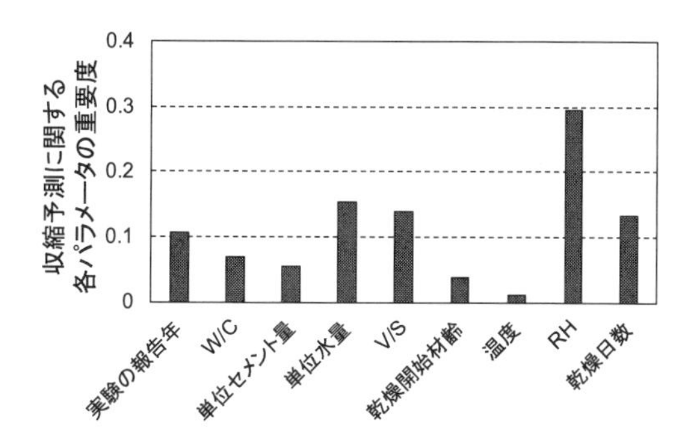

図3.1.6　RFによる収縮ひずみに対する予測子の重要度

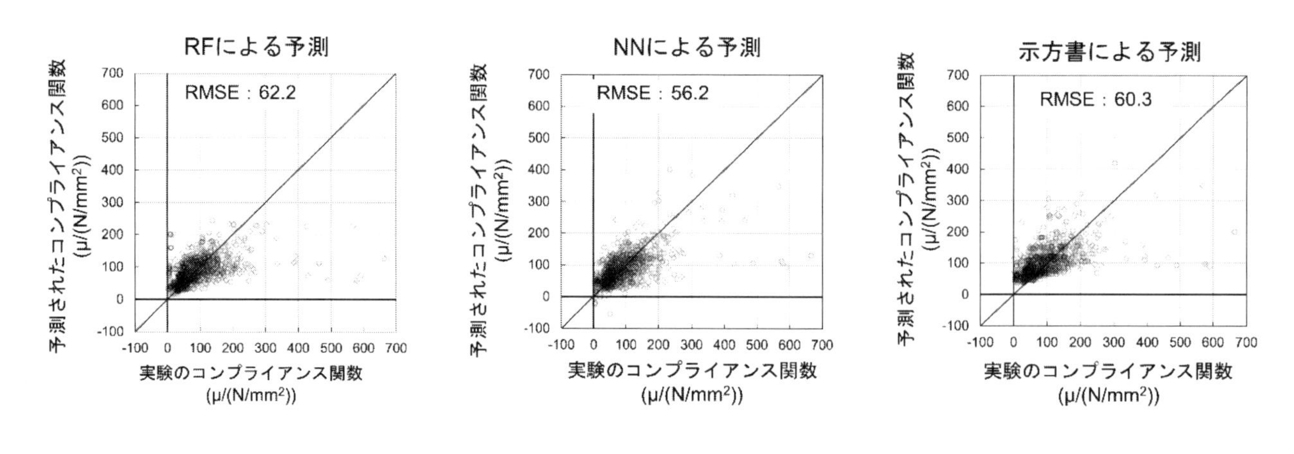

図 3.1.7　機械学習及びコンクリート標準示方書による単位クリープ（コンプライアンス関数）の予測結果

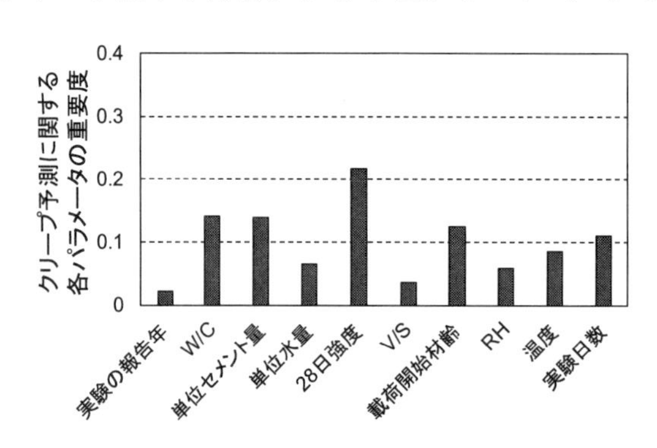

図 3.1.8　RF による単位クリープに対する予測子の重要度

種類や骨材種類など，さらには，実験誤差なども影響していると考えられるが，全体としては機械学習の予測は，実験条件に応じた妥当な結果と思われる．

d)　クリープデータの機械学習による予測及び予測子の重要度分析

1122 個のクリープ（コンプライアンス関数）の実験データを，機械学習及びコンクリート標準示方書で予測した結果を**図 3.1.7** に示す．RMSE によれば，クリープでは NN による予測が最も精度が高く，収縮とは異なり，コンクリート標準示方書の精度が RF と比較しても高くなった．2 章でも説明したように，クリープの進行は対数関数に比例する傾向にあることが，ミクロとマクロの両観点から実験的に示されており，クリープの大きさは W/C など配合の影響を包含する圧縮強度にも強く依存し，コンクリート標準示方書は載荷時間の対数関数と圧縮強度をともに考慮していることから，精度が高いと考えられる．一方で，コンクリート標準示方書には単位水量に適用範囲があり，0.8 を超える高 W/C で単位水量が大きくなった場合や，さらには，60℃を超える極端な高温条件の大きなクリープ進行には対応していないと考えられ，それらの条件での実験については，予測精度が低くなった．

RF 回帰における各予測子の重要度を**図 3.1.8** に示す．重要度は材齢 28 日の圧縮強度が最も大きく，強度に大きく依存するクリープ現象の特徴[3)]を表しているといえる．コンクリートの強度は W/C と密接に関連するため，W/C の重要度も大きい．さらには，クリープは載荷開始材齢，温度にも大きな影響を受けるため，これらの重要度も高い．一方で，収縮とは異なり実験の報告年の重要度は小さく，年代によって材料特性が異なっても，材料特性を包含し得る強度が分かれば，概ね予測ができる可能性を示唆していると考えられる．

RF で予測されたコンプライアンス関数は大きくとも 250μ/(N/mm^2)で，300μ/(N/mm^2)を超えるような，W/C が 0.8 以上の場合（データベース[1)]の c_074_01，06，15，19），実験温度が 130℃と高温の場合（データベース[1)]の c_076_05，08，10，11)，理由は不明確であるが大きいクリープを呈している場合（データベース[1)]の J_029_11，12，D_009_03，06，09，12，15）の実験データとは大きく乖離している．RF は，多くの決定木による回帰値から代表値を取る学習手法であるため，実験データの平均から大きく外れるような特殊な値は予測しにくいことが要因として考えられる．

NN の場合，実験と大きく乖離した予測は，主に，上記の理由は不明確ながら大きなクリープを呈している場合であり，他の極端な実験データも RF よりは回帰できていた．NN は非線形関数を組み合わせた学習手法であるため，条件が極端であっても一定レベルで予測ができることを示唆しているといえる．

クリープについても，RF と NN で違いはあるが，実験条件に応じたクリープ特性の傾向を，機械学習は概ね予測できていることが確認された．

(2)　全国生コンクリート工業組合連合会の収縮実験データを用いた重要度分析[5)]

a)　分析に用いた収縮データ

全国生コンクリート工業組合連合会の乾燥収縮に関する実態調査結果報告書（平成 24 年度）[4)]には，1207 種類の生コンクリートの収縮実験のデータ（以下，生コンデータ）がある．実験は，JIS A 1129-3 に従った標準試験で，寸法は 100×100×400mm の角柱供試体，養生期間は水中養生 7 日，乾燥条件は温度 20±2℃，湿度 60±5%で 6 か月乾燥と，統一されている．生コンデータからは，コンクリート標準示方書の予測式との比較のため，W/C，単位セメント量，単位水量，単位細骨材量，単位粗骨材量，細骨材率，細骨材吸水率，粗骨材吸水率のあるデータを抽出した．結果的に 871 個の実験データを用いた．

機械学習の目的変数は乾燥 6 か月の収縮ひずみとし，予測子には，粗骨材と細骨材の表乾密度，絶乾密度，吸水率，また，スランプ，空気量，W/C，細骨材率，単位セメント量，単位水量，単位細骨材量，単位粗骨材量，混和材，セメントの種類，混和剤の種類を用いた．セメントの種類と混和剤の種類は，one-hot 表現で区別した．すべての予測子は標準化スケーリングを施し，学習を行った．また，予測子として，途中経過である乾燥 28 日の乾燥収縮ひずみを用いた場合の機械学習の予測精度の比較も行った．

b)　機械学習モデル及びモデルパラメータの最適化

機械学習による回帰は，RF，LightGBM，NN，SVR のアルゴリズムを用いた．Python でプログラムを構築し，開発環境には google colaboratory を利用した．NN，RF，SVR には，ライブラリ scikit-learn を利用した．学習データとテストデータの分割には，ライブラリ scikit-learn の train_test_split を用い，学習データ 8 割，テストデータ 2 割として検討した．各モデルの予測精度を相対比較するため，データを選ぶ際の乱数設定である random_state は固定し，各学習モデルで同じ学習データ，テストデータとなるように設定した．また，各学習モデルのパラメータには乱数が用いられ，計算ごとに結果が異なることになるが，後述するハイパーパラメータの最適化とデフォルト設定の予測精度を比較検討するため，ここでは単純に random_state を固定した．なお，事前検討として NN と RF のアルゴリズムで用いられる random_state を変更し予測結果を比較したところ，予測値に若干相違は生じるが，全体の RMSE としてはせいぜい 4 程度の相違しか見られなかったため，以下の結果考察において大きな影響はないと考えられる．

RF は学習データから乱数を用いて少しずつ異なる決定木を複数作製し，多数決を行うことで学習を行うアンサンブル手法である（平均を取ることで出力する）．RF の回帰には，scikit-learn の RandomForestRegressor を活用し，回帰分析を行った．RandomForestRegressor の決定木の数は 100，決定木深さの最大値は指定せず，デフォルト設定のままとした．予測子，乾燥収縮に対する各パラメータの重要度の評価方法もデフォルト設定を用いた．

LightGBM は勾配ブースティング回帰で，RF と同様に決定木を用いるアンサンブル学習であるが，RF との違いとして，RFと比較して決定木の深さが非常に浅いこと，決定木を順番に作製し，1つ前の決定木の誤りを修正すること，決定木を作製する際に乱数を用いないこと，があげられる．LightGBMのデフォルト設定として，taskはtarin，boosting_typeはgbdt，objectiveはregression，metricはrmseであり，決定木の複雑度，学習回数などは指定せずに行った．

NNにはscikit-learnのMLPRegressorを用いた．scikit-learnのニューラルネットワークモデルは入力層，中間層，出力層で構成されている．デフォルトの中間層は1層で，ニューロン数は100，活性化関数はrelu，ソルバーはadamとなっている．なお，NNでは，デフォルト設定では学習時にConvergence Warningが発生していたが，単純なデフォルトでの精度確認を主眼に，収束しないまま計算を行った．モデルパラメータの調整を行い，収束させた結果は後述する．

SVRは分類問題を解くサポートベクターマシン（以下，SVM）の特徴を回帰分析に利用した機械学習の手法である．SVRのアルゴリズムでは，SVMと異なり，マージンの幅を広くとることにより，インスタンスをマージン内に入れることとなる．カーネルにはデフォルト設定のrbf(ガウス関数)を用いて検討を行った．

各機械学習モデルにおいて，ユーザーによる設定が可能なハイパーパラメータ（以下，パラメータ）がある．このパラメータを変えることで，機械学習の精度は変化する．本検討でも用いたグリッドサーチは，検討したいパラメータを選択し，パラメータごとに検討したい値の範囲，活性化関数やソルバーの種類を指定し，指定したパラメータの組み合わせをすべて試し，最適なパラメータの組み合わせを求めるscikit-learnに搭載されているライブラリの一つである．本検証では，NN，RF，SVRにおいて，デフォルト設定と比較することで，グリッドサーチを用いた予測精度の向上を検討した．なお，LightGBMは他のモデルと異なり，独自のグリッドサーチが必要となり，決定木を用いるアルゴリズムという点において，RFと大きな違いがないこともあり，LightGBMのパラメータの最適化は行わないこととした．

scikit-learnのグリッドサーチでは，ハイパーパラメータの評価方法としてk分割較差検証を用いるため，本検討では学習データをデフォルトの5分割にし，学習データと検証データとした．5回の検証のmean_test_scoreが最も高いモデルの各パラメータの組み合わせを最適な設定とした．

c)　機械学習による予測及びモデルパラメータの影響

図3.1.9に，デフォルトのモデルパラメータ設定で，生コンデータの乾燥6カ月の収縮ひずみを各学習モデルで予測した結果を示す．RFは各実験データに対して，幅広い範囲で予測することができているが，6か月の乾燥収縮ひずみが700 μ以上の実験データに対しては，予測が実験を下回る傾向がある．LightGBMもRFと同様の傾向が確認された．RMSEの比較では，RFよりもLightGBMの予測精度がわずかながら高い結果となった．NNは，RFと同様に幅広く予測できているが，300μから400μ付近に予測された収縮が実験と大きく乖離していることが確認された．この理由として，MLPRegressorのデフォルト設定では，hidden_layer_sizesが100であり，比較的単純な問題設定に対して，ニューロンの数が多すぎて，計算が収束しなかったことが理由として考えられた．SVRによる予測は，500 μから700 μの範囲が中心となり，予測の分布は，他のモデルに比べて小さくなった．データの正則化の強さを制御するCの値がデフォルトでは1.0であり，正則化が強いため，予測の分布が狭くなったと推察された．また，マージンの幅の広さを決めるepsilonのデフォルトも0.1であるため，誤差が小さいデータの影響も大きく受けている可能性が考えられる．

図3.1.10に，コンクリート標準示方書の収縮の予測式で，骨材の品質の影響を表す係数αを4に固定して，乾燥6カ月の収縮ひずみを予測した結果を示す．土木学会の予測式のRMSEと比較すると，単純なデフォルトのパラメータ設定でも，機械学習の方が収縮の予測精度は高くなることが確認された．

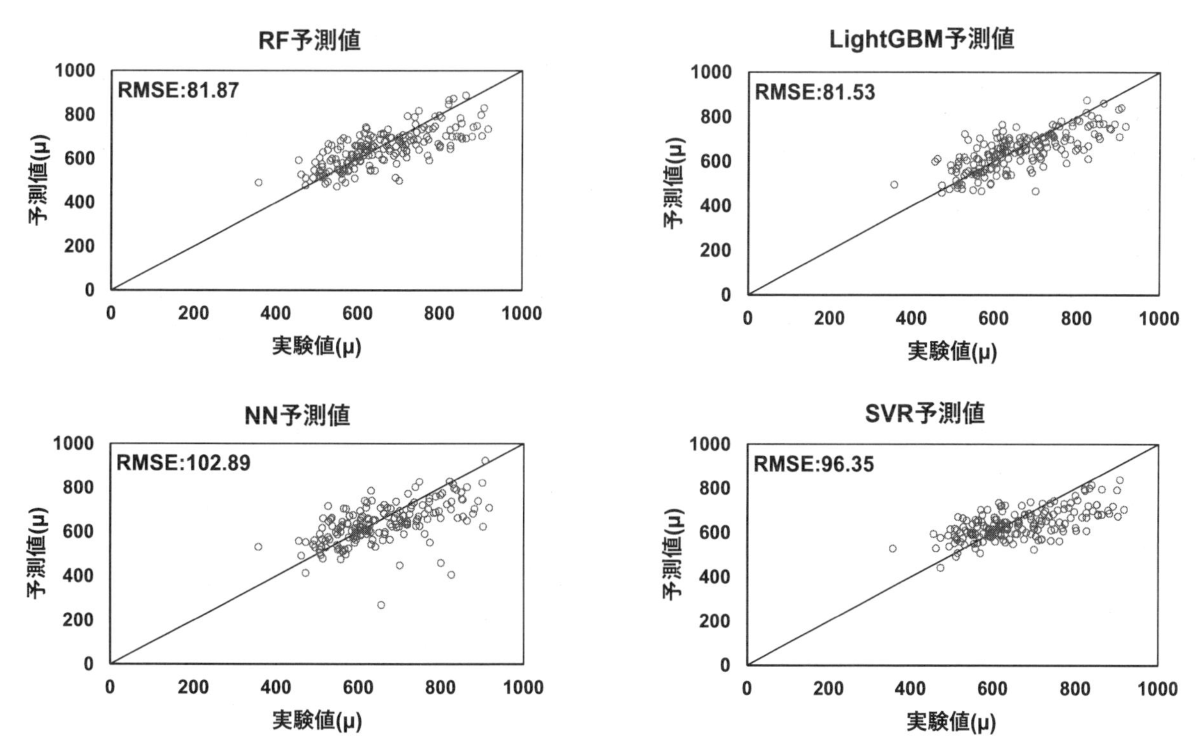

図 3. 1. 9　各機械学習デフォルトの予測結果の比較

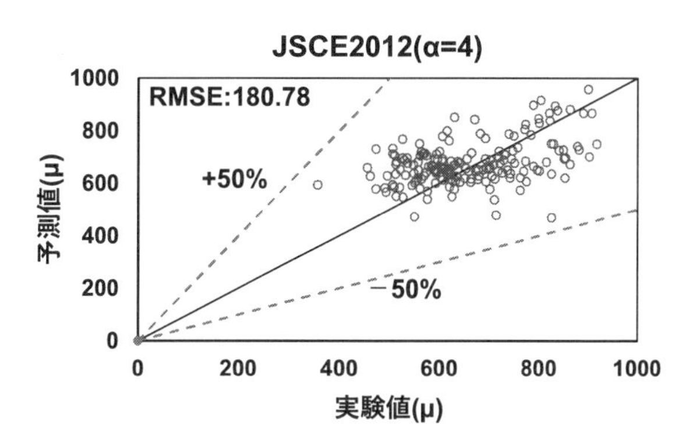

図 3. 1. 10　コンクリート標準示方書による予測結果

次に，グリッドサーチによりパラメータの組み合わせを最適化した各機械学習モデルでの予測の結果を，図 3. 1. 11 に示す．以下，各モデルで組み合わせを最適化するまでの過程を示す．

RF では，max_depth を 1 から 20，min_samples_leaf を 1 から 10，min_samples_split を 1 から 10 まで変化させ，max_depth は 13，min_samples_leaf は 1，min_samples_split は 2 が最適となり，RMSE もデフォルト設定に比べわずかに向上した．NN では，活性化関数とソルバー，デフォルトで ConvergenceWarning が発生した要因と考えられた hidden_layer_sizes，max_iter を変更して，モデルの予測精度の向上を検討した．その結果，活性化関数が logistic，solver が adam，hidden_layer_sizes が 8，max_iter が 1500 の設定が ConvergenceWorning が表示されず最も test_score が高い結果となった．RMSE はデフォルトのパラメータ設定と比べ約 10 向上した．RMSE が大きく向上した要因として，デフォルトの予測では実験値と大きく乖離していた予測値が改善されたことが大きいと考えられる．SVR では，C，epsilon，gamma を変更し，検討した．C は 2-5～210，epsilon は 2-10～20，gamma は 2-20～210 を用いて検討を行った．その結果，C は 2，epsilon は 0.25，gamma は 0.25 が最適な組み合わせとなった．

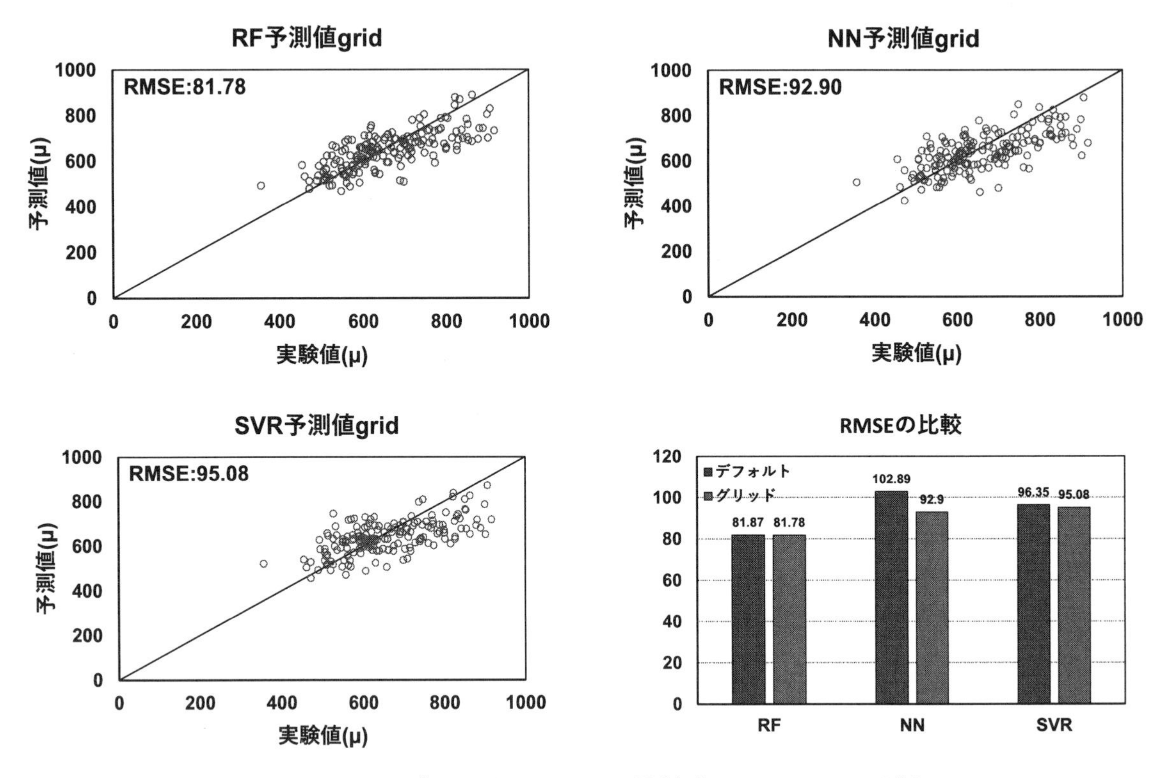

図 3.1.11　グリッドサーチした機械学習による回帰分析

上記のように，各モデルでパラメータの最適化の検討を行ったものの，全体としてRMSEの向上はせいぜい10μ程度で，実験誤差も勘案すれば，パラメータの最適化の有用性，実務性は低いといえる．本収縮データベースで，RF，NN，SVRを用いる場合は，デフォルトのパラメータ設定でも，一定レベルの精度が得られる結果となった．

d)　乾燥28日の収縮ひずみを用いた機械学習による予測

生コンデータには，28 日時点での乾燥収縮ひずみのデータ（以下，28 日データ）がある．途中経過の収縮データを予測子に加えることで，各機械学習モデルの予測精度向上について検討した．上述のように，パラメータの最適化による精度向上は小さいと予想されたが，新たなデータを追加したため，RF，NN，SVRでグリッドサーチを行った．

28 日データを加え，グリッドサーチをしたときの機械学習による予測結果を**図 3.1.12** にまとめる．乾燥28日の収縮ひずみを予測子に用いた場合，いずれの機械学習モデルにおいても，700μを超える大きな収縮から500μ以下の小さな収縮まで幅広く予測ができるようになり，RMSEも50μ程度まで低下し，大幅に予測精度が向上した．したがって，機械学習を用いてコンクリートの乾燥収縮ひずみを予測するうえでは，1 か月という短期であっても，途中の乾燥収縮ひずみのデータを活用することが有用であるといえる．

e)　機械学習による予測子の重要度分析

Bazantのデータベースと同様に，予測子の重要度分析を行った．ここでは，RFとLightGBMの両者を用い，RFについては，パラメータ組み合わせの最適化の有無による違いも検討した．

図 3.1.13 に，乾燥28日の収縮ひずみを予測子に用いなかった場合の，RFとLightGBMによる重要度の結果を示す．なお，重要度が 0.05 より小さいものは，表示として省略した．また，グリッドサーチができたRFについては，前述のパラメータのグリッドサーチ有り無しでの結果も示したが，重要度にパラメータの設定の影響はほとんどなかった．

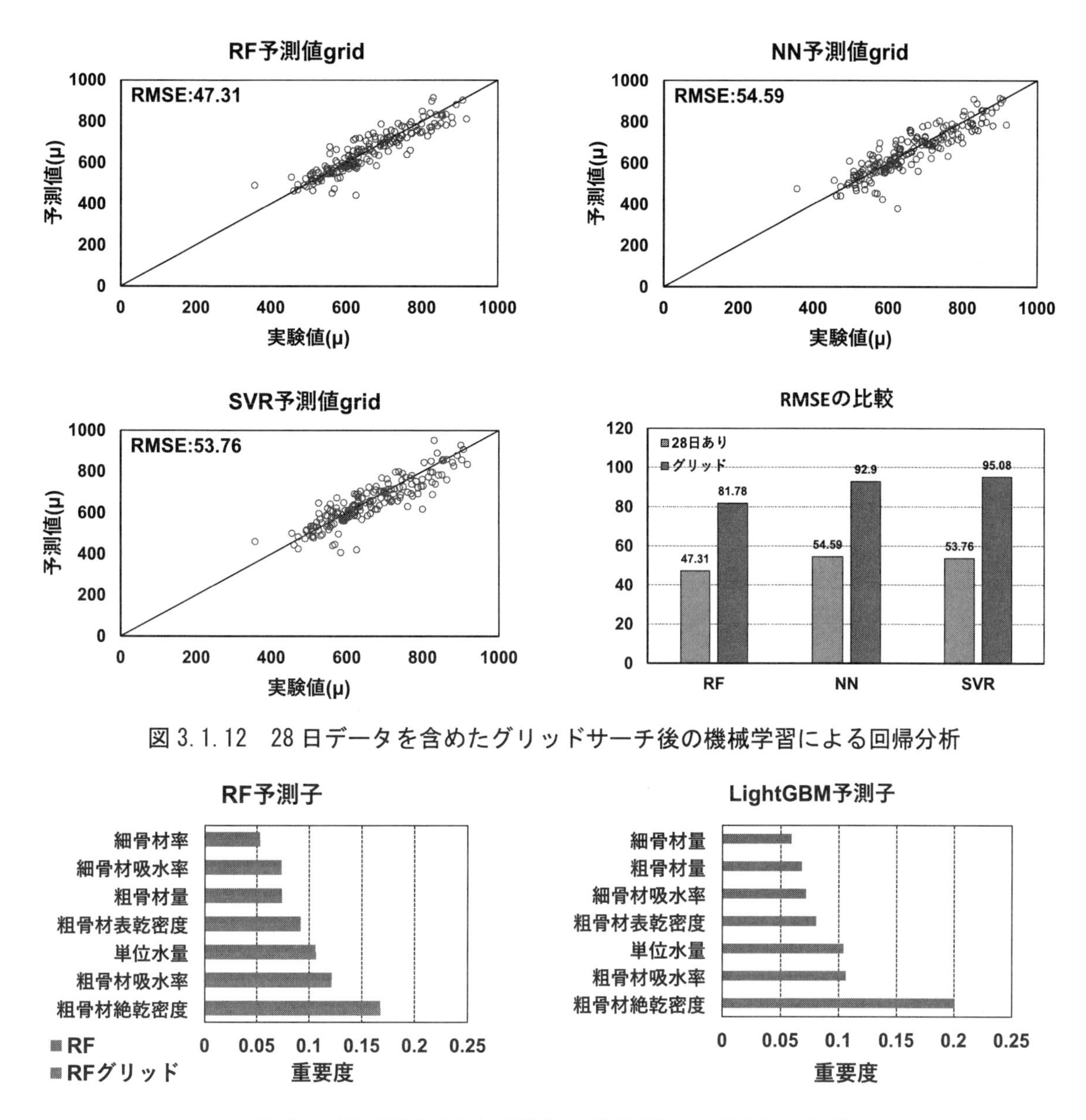

図 3.1.12　28日データを含めたグリッドサーチ後の機械学習による回帰分析

図 3.1.13　RFとLightGBMによる予測子の重要度の分析

乾燥収縮には，単位水量と骨材の吸水率が大きく影響することが知られており，コンクリート標準示方書の予測式でも，これらがパラメータとして使われている．28日データなしの分析によると，粗骨材の絶乾密度の重要度が一番大きく，RFとLightGBMで順番は多少異なるが，ついで，粗骨材の吸水率，粗骨材の表乾密度，粗骨材量の重要度が高くなり，粗骨材特性，単位水量に関連する予測子の影響が大きいことが確認された．骨材の密度は，内部の空隙（＝吸水率）のみならず，骨格としての岩種や硬化組織に関連していると言え，骨材の種類の影響を暗に示している可能性がある．

乾燥28日の収縮ひずみを含めた場合，RF，LightGBMによる0.015以上の重要度の結果を**図 3.1.14**に示す．乾燥28日の収縮ひずみの重要度がいずれも0.78と非常に大きくなり，横軸の最大値をこれに合わせると，他の重要度の比較が困難であったため，横軸の最大値を0.2にしている．他の重要度は，乾燥28日の収縮ひずみを入力していない場合と比較して，概ね同じ予測子が選択されていることが確認されたが，他の予測子に比べた骨材に関連する予測子の重要度が相対的に低下した．この理由として，乾燥28日の収縮ひずみが骨材特性の影響を包含していることが考えられ，乾燥182日の収縮ひずみの予測において，骨材の各物性の重要性が薄れたと推察された．乾燥収縮に対する骨材特性の影響は，28 日という短い乾燥期間の収縮ひずみにも明確に反映されると言える．また，コンクリートの設計に関するパラメータでは表現しきれていない，材料特性，施工性なども含めた新たな要因があることを示唆していると考えられる．今後，より多くのデータを学習させ，設計上のパラメータだけでは十分予測できないケースを抽出し，これらの要因を突き止めることで，設計上の予測式の精度向上につながると期待される．

また，乾燥 28 日のみならず，乾燥数日から 7 日といった短期の乾燥収縮のデータでも機械学習の予測子に活用すれば，6 か月，さらには長期の乾燥収縮特性を精度よく予測できる可能性もある．短期間の試験で各材料，配合の収縮特性の予測が可能になれば，予測の効率化，施工前の収縮特性の確認につながると期待される．

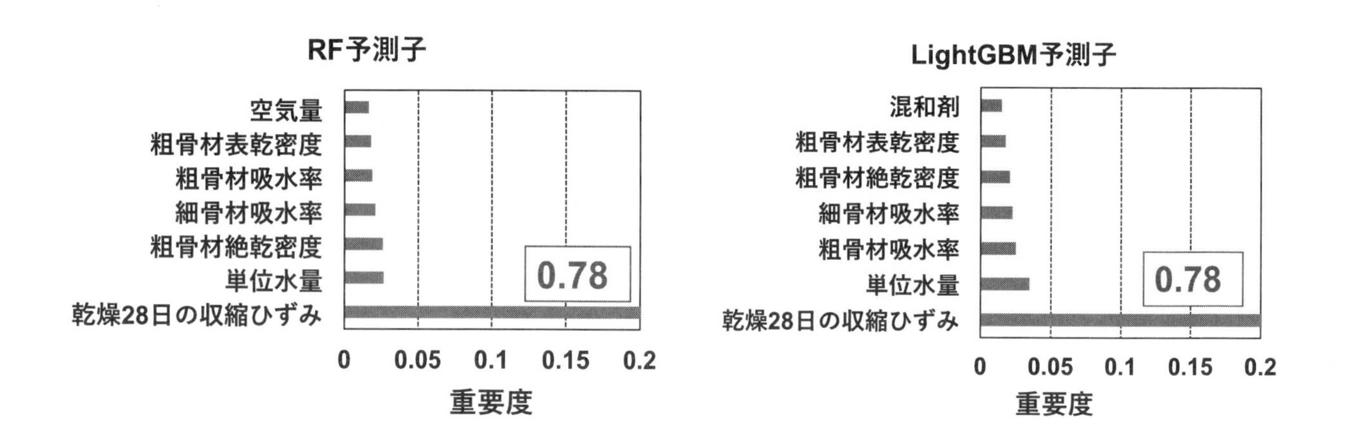

図 3.1.14　RF と LightGBM による 28 日データを含めた予測子の重要度の分析

3.1.3 章の参考文献

1) Professor Zdenek P. Bazant Helpful Links: http://www.civil.northwestern.edu/people/bazant/ （最終閲覧日 2022 年 5 月 27 日）
2) 浅本晋吾，岡﨑百合子，岡﨑慎一郎，全邦釘：コンクリートの収縮・クリープの実験データを活用した機械学習による回帰分析，AI・データサイエンス論文集，1 巻，pp.122-131，2020.11
3) A. M. Neville: Properties of concrete fourth edition, Pearson, 1995.5
4) 全国生コンクリート工業組合連合会技術委員会：乾燥収縮に関する実態調査結果報告書（平成 24 年度），2013
5) 石毛成，浅本晋吾，岡﨑百合子，岡﨑慎一郎：コンクリートの乾燥収縮予測式の精度検証と機械学習による回帰分析，AI・データサイエンス論文集，2 巻 J2，pp. 341-348，2021.11

（執筆者：浅本　晋吾）

3.2　環境作用パラメータ [1]

3.2.1　暴露実験における検討

（1）　暴露試験実施地点および気象データ

国内4機関において暴露試験を実施した．暴露地点を**図3.2.1**に示す．これらの4地点の日本国内における気候区分も示した．屋外暴露実験の測定地点は**表3.2.1**に示すとおりである．長岡の暴露地点は内陸部の長岡技術科学大学構内である．丘陵の近くであるため市街地よりも少し標高が高く，冬期の積雪量が多い地点である．横須賀の暴露地点は港湾空港技術研究所の暴露試験場である．沿岸部に位置し，海までの距離は約30 mである．岡山の暴露地点である岡山大学津島キャンパスは平野内に位置し，海から10 kmほど離れている．沿岸部から暴露地点までの標高差はなく，標高は約4 mである．沖縄の暴露地点の琉球大学千原キャンパスは台地に位置し，沿岸部から約2 km程度しか離れていないが，標高は125 m程度である．

暴露期間中における各地点の気象データについては，**表3.2.2**に示す暴露地点近傍の気象庁の観測点（アメダス）および気象台の観測データ[2)]を使用した．年間の平均的な気象の指標として2020年1年間のデータをまとめたものを**表3.2.3**に示す．また，各月ごとのデータをまとめたものを**図3.2.2**に示す．年平均のデータで比較すると，平均湿度に大きな差はないが，日照時間や降雨時間には各地で差が見られる．気候特性の違いは，日射や降雨作用の違いとして現れており，各季節における降雨頻度や日照時間が各地で異なることがわかる．

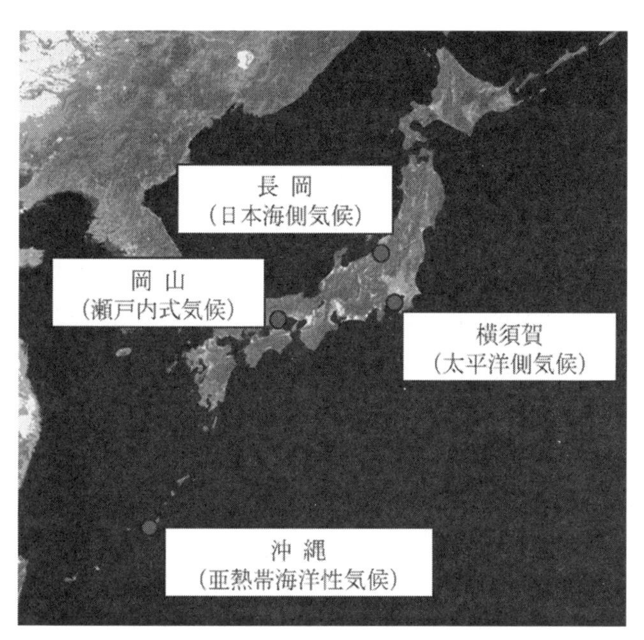

図3.2.1　屋外暴露実験地点

表3.2.1　暴露地点とその特徴

長　岡	新潟県長岡市　長岡技術科学大学構内 内陸（海岸から15 km）部に位置 市街地より少し標高が高いため， 積雪が多い
横須賀	神奈川県横須賀市　港湾空港技術研究所 暴露試験場が沿岸部に面しており， 海との距離は約30 m程度
岡　山	岡山県岡山市　岡山大学津島キャンパス 内陸（海岸から10 km）の平野部に位置 沿岸部までの標高差はほぼ無い
沖　縄	沖縄県中頭郡西原町　琉球大学千原キャンパス 沿岸部から2 kmほど離れた地点 台地に位置しており，標高は125 m程度

表3.2.2　気象データの取得に使用した気象観測点

暴露地点	取得した気象データとその観測所名		
	気温　降水量 日照時間	相対湿度	全天日射量
長　岡	長岡観測所	新潟地方気象台	
横須賀	三浦観測所	横浜 地方気象台	東京 管区気象台
岡　山	岡山地方気象台		高松 地方気象台
沖　縄	沖縄気象台		

表3.2.3　2020年の各地点の気象データ

地点	平均気温 [℃]	平均湿度 [%]	年間日照時間 [h]	降雨	
				年間降雨時間 [h]	年間降水量 [mm]
長　岡	14.3	75.5	1510	1575	2504
横須賀	16.9	69.6	2123	737	2123
岡　山	16.5	70.8	2162	580	1154
沖　縄	23.7	77.0	1737	715	2481

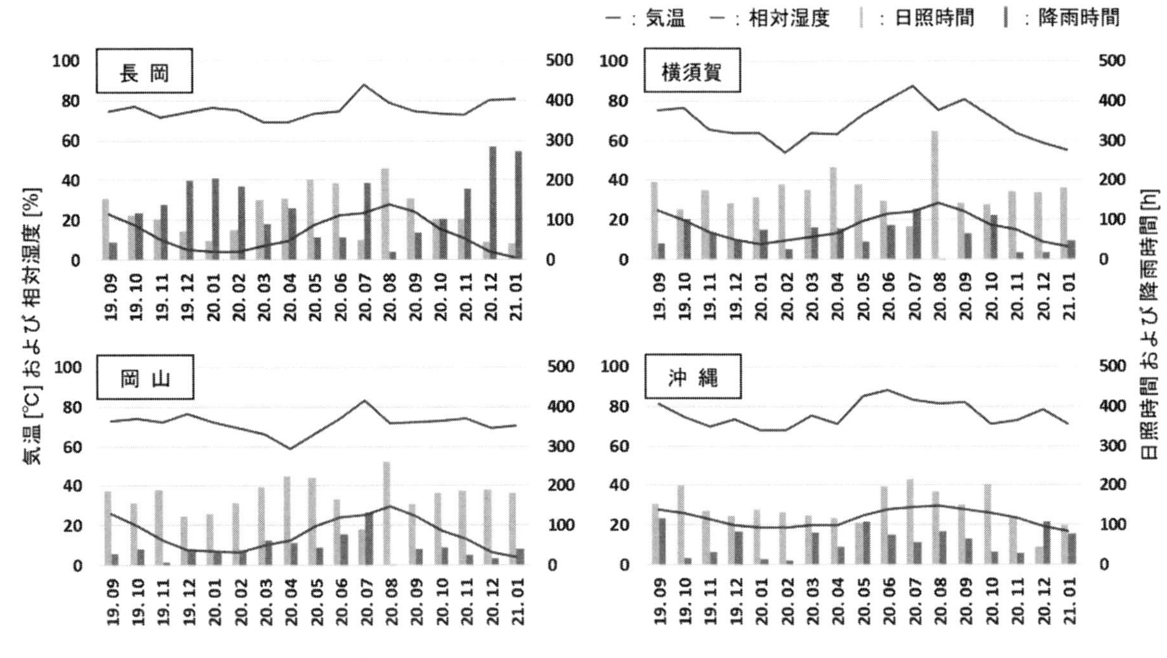

図 3.2.2　暴露期間の月ごとの気象データ

表 3.2.4　計画配合

W/C [%]	s/a [%]	単位量 [kg/m³]				
		W	C	S	G	AE 減水剤
50	44	168	336	779	1025	C × 0.8 %

表 3.2.5　使用材料の物性値

セメント	普通ポルトランドセメント，密度 3.16 g/cm³
細骨材	表乾密度 2.62 g/cm³，吸水率 1.94 %
粗骨材	実積率 61.6 %，表乾密度 2.71 g/cm³，吸水率 1.33 %，最大寸法 20 mm
混和剤	標準形 I 種 AE 減水剤
水	上水道水

図 3.2.3　各地点の暴露状況

(2)　試験体の作製

実験に用いたコンクリートの計画配合を**表 3.2.4** に，使用材料の物性値を**表 3.2.5** にそれぞれ示す．コンクリートの配合は標準的と考えられる配合を設定した．材齢 28 日における圧縮強度の実測値は 40.2 N/mm² であった．試験体は乾燥収縮試験の試験体として標準的な形状寸法である 100 × 100 × 400 mm の角柱試験体とした．試験体は長岡技術科学大学の実験室ですべて同時に作製した．28 日間 20℃で水中養生を行い，養生終了後，湿布とビニール袋で封緘して各地に送付した．各地に到着後，試験体の 2 側面に長岡・横須賀の試験体は基長 300 mm，岡山・沖縄の試験体は基長 250 mm でコンタクトチップを貼り付け，基長を測定した後，各地点で暴露を開始した．なお，コンタクトチップ貼り付け時から暴露開始まではビニール袋に入れて封緘養生し，暴露開始までできるだけ水分が逸散しないように留意した．

（3）　屋外暴露実験方法

屋外暴露実験は2019年9月12日から開始した．暴露開始時のコンクリートの材齢は42日である．同時に長岡技術科学大学構内の恒温室（20℃，湿度50%）にも作製した試験体を静置した．本報告書では測定開始から2021年1月までのデータを使用している．

試験体の設置状況を**図3.2.3**に示す．いずれの地点でも架台等を用いて地表面から200 mm以上離れた位置に試験体を静置し，地表面からの日射の照り返しや降雨後の地表面付近の高湿度の影響が出ないようにした．測定は1ヶ月に1，2回の頻度で行い，温度ひずみの影響を除去するため，20 ℃の恒温室に1日程度静置してから質量と長さ変化を測定した．質量は最小目盛が5 g以下の電子天秤で測定し，長さ変化はコンタクトゲージ法により0.001 mmの精度で測定した．なお，恒温室への移動に関しては，降雨時や降雨直後を避け，移動の際に試験体の表面が濡れていないことを確認して実施した．

（4）　実験結果および考察

a）　水分量の変化

各暴露地点における暴露試験体の水分量の経時変化を**図3.2.4**に示す．いずれの地点も恒温室内に静置した試験体よりも水分損失量が少ない．このことから，屋外環境下は恒温室環境下よりも湿潤傾向にあることがわかる．

次に季節ごとの水分量の変化に着目する．12月から3月までの冬期においては，長岡の試験体のみほかの3地点よりも水分損失量が少ない．これは冬期に曇りや雨，雪の日が多くなる日本海側の気候特性の影響だと考えられる．ほかの3地点では，開始2ヶ月程度で進行した乾燥量を維持し，冬期の間については大きな水分量の変化は見られない．長岡では4月以降，降雨の頻度が減るにつれて徐々に乾燥量が増加し，夏期にはほかの3地点と同程度の乾燥の進行が確認された．

沖縄を除く3地点において，7月頃に一時的に湿潤傾向になり，8月以降に乾燥量が増加する挙動を示した．**図3.2.2**の気象データと照らし合わせると，7月は降雨が多かった一方で，8月は年間で降雨が最も少ない月となっている．気象庁によると，7月は梅雨入りと梅雨明けの間の期間であり[3)]，降雨が多い期間であった．梅雨明けは長岡・横須賀・岡山の3地点で7月30日～8月2日頃となっていることから，梅雨の期間のみ一時的に湿潤傾向となり，梅雨明け以降乾燥が著しく進行したと考えられる．沖縄の梅雨の期間は5月11日～6月12日頃であったが，この期間の実験データが欠測のため，沖縄でも梅雨時期に湿潤傾向を示すかについては確認できなかった．

b）　収縮ひずみの変化

暴露試験体の収縮ひずみの経時変化を**図3.2.5**に示す．収縮ひずみは，水分量の変化に追従して変化する挙動を示し，長岡では冬期における収縮ひずみの停滞が確認された．ほかの3地点では暴露開始から2ヶ月経過した11月時点で200 μ程度の乾燥収縮の進行が確認されており，7月まではあまり大きな変化はなく同程度の値を推移した．長岡・横須賀・岡山の3地点については，梅雨の期間である7月において，一時的に膨張傾向を示し収縮進行の停滞が確認された．梅雨明け以降は，乾燥が進行するとともに収縮ひずみも増加し，300～400 μ程度の収縮量となっている．一方，沖縄ではほかの地点と同程度の収縮量ではあるが，冬期における収縮の進行が最も顕著であり，夏期においてはほかの地点よりも降雨が多かったため，収縮の進行は認められなかった．

暴露開始から1年が経過した時点では，岡山が最も収縮が進行し，沖縄の収縮量が最も小さい．これは水分損失量においても同じであり，岡山が最も多く，沖縄で最も少ない．しかし，いずれの地点においても期間内での最大収縮量は400 μ程度であり，大きな差は見られなかった．一方，収縮が進行する時期は各地で差が見られ，長岡では夏期に収縮が進行したのに対し，沖縄では冬期に最も進行した．横須賀と岡山に関しては，冬期と梅雨明け以降の夏期の 2 つの時期に収縮が進行していた．

以上の実験結果から，屋外環境下のコンクリートは恒温室内に置かれたものより収縮量が小さくなること，気候特性の違いによって収縮が進行する時期が各地で異なることが明らかとなった．収縮が進行する時期は降雨が少ない時期であることから，各季節における降雨頻度が収縮挙動に関係していることが示唆された．暴露開始から 2 年目に入った冬期では，長岡では再び湿潤傾向を示しており収縮の進行が見られなくなっている．横須賀や沖縄の試験体は収縮が進行していることから，2 年目も 1 年目と同様の傾向を示すことが予想される．

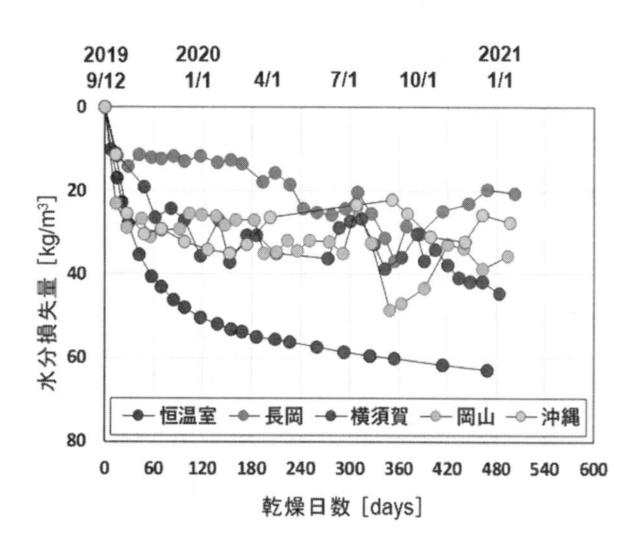

図 3.2.4　暴露期間中の水分量の変化

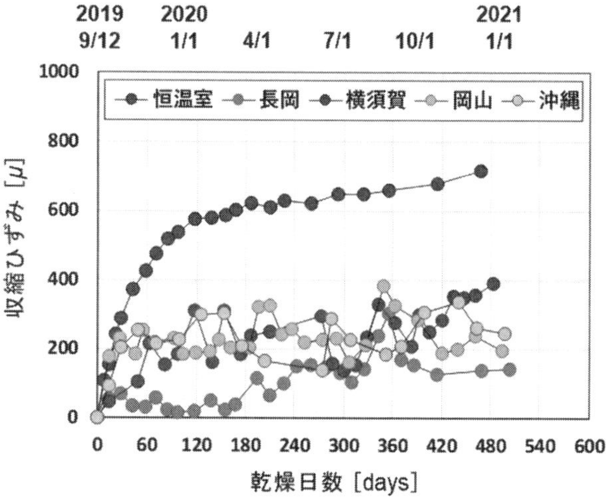

図 3.2.5　暴露期間中の収縮ひずみの変化

3.2.2　数値解析による検討

(1)　概要

実験結果から，同じコンクリートであっても環境条件によって収縮挙動が異なることを確認した．各地の気候特性は温湿度，日射，降雨により表されるので，屋外での収縮を精度よく再現するには，これらの作用を考慮できる予測手法が必要である．そこで，著者らが開発した細孔構造に基づくコンクリート中の水分移動，乾燥収縮モデル[4),5)]を用いて実験結果の再現を試みる．**図 3.2.6** に解析のフローを示す．

図 3.2.7 に環境作用を考慮する方法の概要を示す．試験体内の水分の移動は部材軸直交方向の断面内の 2 次元移動として解析を行った．

降雨が発生していない時間は，コンクリート表面からの水蒸気の出入りを考慮した乾燥・吸湿計算を行う．このとき，気温と日射を考慮した熱伝

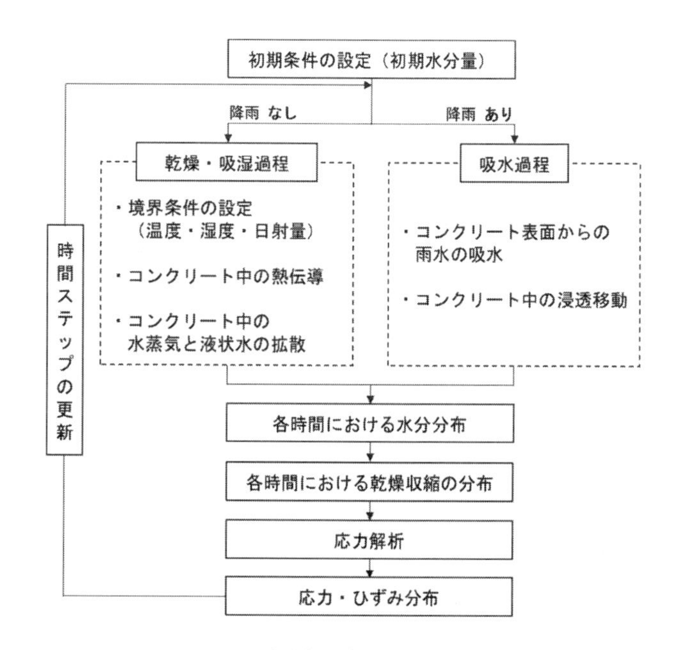

図 3.2.6 数値解析の計算フロー

導解析 [6]も行い，日射による乾燥の促進を表現する．降雨が発生している時間帯は，コンクリート表面が液状水に接していると考え，表面における液状水の吸水計算を行う [7),8)]．

各位置の水分量の変化に伴う体積変化に起因した試験体の変形・応力解析は，部材軸方向の応力，ひずみ成分のみを考慮し，部材の変形は平面保持に従うとして計算を行った [4)]．

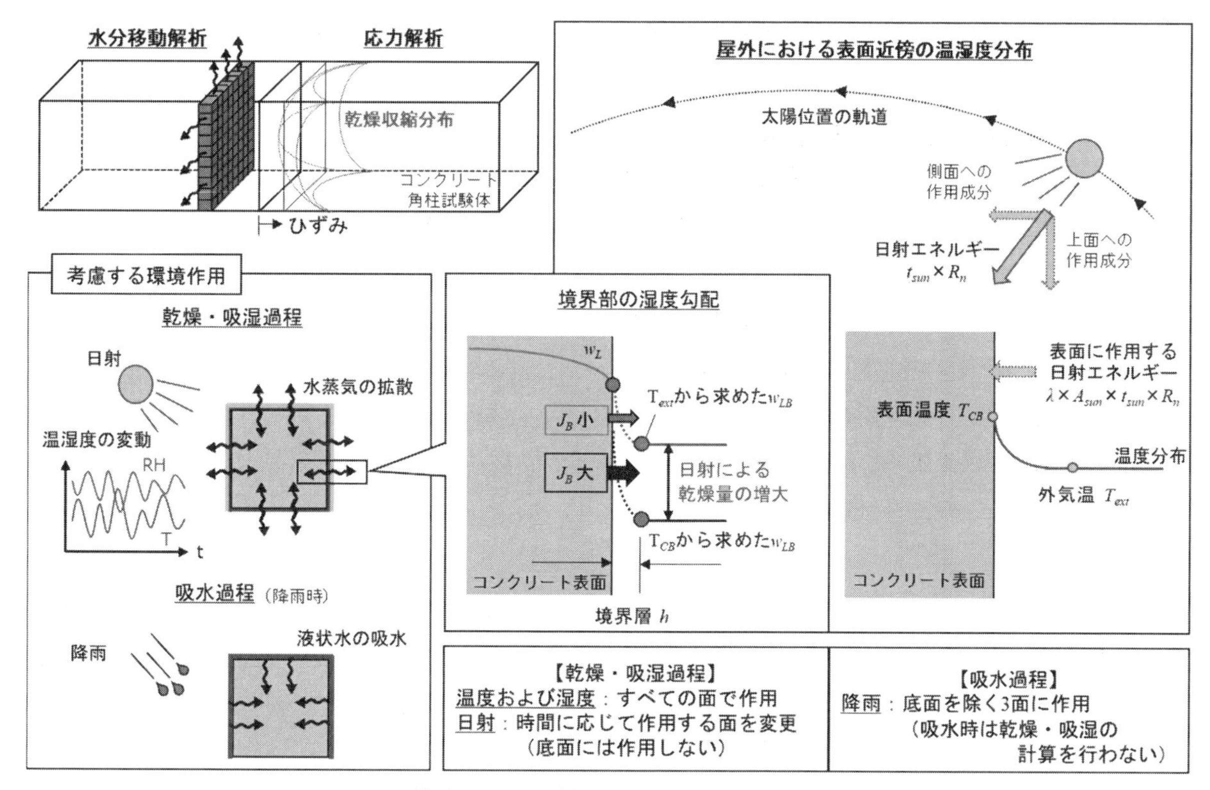

図 3.2.7　計算方法および各過程における環境作用の考慮方法

(2)　各環境作用の考慮

a)　湿度

空気に接したコンクリート表面では，コンクリート内部と外気の湿度差によって水蒸気の流出入が発生する．コンクリート表面における水分移動流束を式(3.2.1)で表し，乾燥・吸湿を表現した．

$$J_B = D\frac{w_L - w_{LB}}{h} \tag{3.2.1}$$

ここに，J_B　：コンクリート表面の水分移動流束 (kg/m²/s)

D　：コンクリート中の水分拡散係数(m²/s)であり水分量の関数として評価される

w_L　：コンクリート表面の単位体積当たりの水分量(kg/m³)

w_{LB}　：外気の相対湿度に平衡するコンクリート単位体積当たりの水分量(kg/m³)

h　：コンクリート表面に形成される仮想湿度勾配層の厚さ(m)

恒温室のようなコンクリートの表面温度と外気温が常に同じ環境である場合は，外気の相対湿度RH_{ext}からw_{LB}を算出する．屋外環境下では，湿度が変化しているため，各時間ステップで使用する相対湿度のデータを与える必要がある．また，コンクリートの温度については，気温の変動や日射の有無により表面温度と外気温が必ずしも一致しない．そのため，b)に示す方法でw_{LB}を算出する相対湿度を修正した．

b)　外気温および日射

屋外環境下は湿度や気温が常に変化している．また，晴天時はコンクリートが太陽放射によって温められ，表面温度が外気温よりも高くなることがある．日射は底面を除く 3 面に作用するが，作用する面は太陽の位置変化によって異なる．これらの影響を考慮するため，表面における熱流束の境界条件を式(3.2.2)で表し，時間ごとにどの面に日射が作用するかを考慮してコンクリートの温度分布を計算した．

$$q_B = m(T_{ext} - T_{cB}) + \lambda t_{sun} A_{sun} R_n \tag{3.2.2}$$

ここに，q_B　：コンクリート表面における熱流束(W/m²)

m　：大気－コンクリート間の熱伝達係数(W/(m²℃))

T_{ext}　：外気温(℃)

T_{cB}　：コンクリート表面の温度(℃)

λ　：コンクリートの放射率

t_{sun}　：日照時間の割合

A_{sun}　：太陽との位置関係から作用するエネルギー量を補正する係数

R_n　：全天日射量(W/m²)

図 3.2.7 に示すように，コンクリート表面温度が外気温よりも高くなったとき，コンクリート表面近傍の気温も外気温よりも高くなる．その結果，表面近傍の相対湿度は外気の相対湿度よりも低くなり，乾燥が促進されると考えられる．この影響について，外気に平衡する水分量を算定する際の外気の相対湿度を修正することで表現した[6]．コンクリート表面近傍の相対湿度は，式(3.2.3)によって求めた．

$$RH_B = RH_{ext} \times \frac{P_{V0}}{P_{V0B}} \tag{3.2.3}$$

ここに，RH_B　：コンクリート表面近傍の大気の相対湿度(%)

RH_{ext}　：大気の相対湿度(%)

P_{V0}　：大気の飽和水蒸気圧(Pa)

P_{V0B}　：コンクリート表面近傍の大気の飽和水蒸気圧(Pa)

c)　降雨および降雪

降雨時におけるコンクリート表面での液状水の吸水は，既往の研究で提案されている吸水モデル[4),5)]を使用し算定した．本検討では，降雨時に底面を除く 3 面が液状水と接していると仮定して吸水計算を行った．吸水による水分量の変化は，乾燥・吸湿に比べて短時間に進行し，変化量が大きい．そのため，降雨時は，乾燥・吸湿による水分量の変化を無視し，吸水計算のみを行った．また，降雪に関しても降雨と同様に取り扱うこととした．

(3)　数値解析による実験結果の再現

本数値解析法を用いて，3.2.1 節に示した屋外暴露実験結果の再現を行った．水分移動と収縮に関する材料パラメータは，20℃，湿度 50%の恒温室内で測定したコンクリート角柱供試体の水分損失量と収縮ひずみの経時変化より同定した．具体的な同定方法については，参考文献 4)を参照いただきたい．熱伝導に関する材料パラメータは，コンクリート標準示方書［設計編］に記載されている値 [9]とし，コンクリートの放射率 λは，解析値が実測した表面温度と一致するよう同定した．なお，本研究では十分に水和が進行したコンクリートを検討の対象としているため，材料特性は材齢によらず終始一定とした．

恒温室内の水分量および収縮ひずみの時間変化の再現解析の結果を**図** 3.2.8 および**図** 3.2.9 に示す．この実験結果に合うように，材料パラメータを同定したので良好に再現できている．同じ材料パラメータを，屋外に暴露した試験体の再現解析においても適用した．

各屋外暴露地点の水分量の経時変化に関する再現解析を**図** 3.2.10，収縮ひずみの経時変化に関する再現解析を**図** 3.2.11 にそれぞれ実験結果とともに示す．今回の計算では時間ステップを 1 時間とし，気温，相対湿度，日照時間，全天日射量，降水量の 1 時間ごとの値を**表** 3.2.2 に示した気象観測点の観測記録から取得し，各時間ステップで気象データを更新することで各地の環境作用を表現した．降雨の判定は，降雨が記録される最小量である 0.5 mm でコンクリート表面が濡れると仮定し，降雨が観測された時間帯ではコンクリートの表面で雨水の吸水が生じるとして吸水計算を行った．

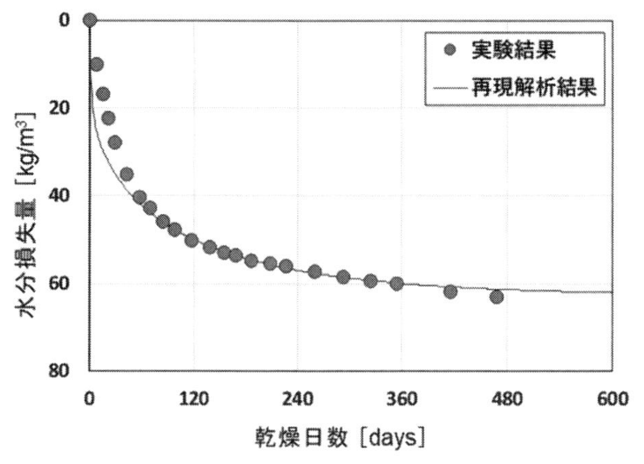

図 3.2.8　恒温室における水分量の変化に関する再現解析

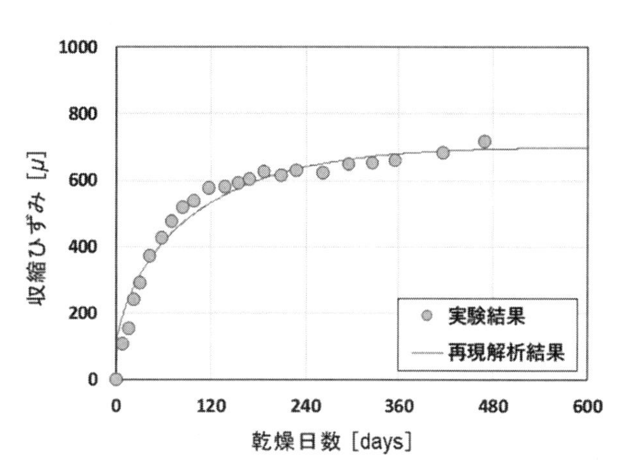

図 3.2.9　恒温室における収縮ひずみの変化に関する再現解析

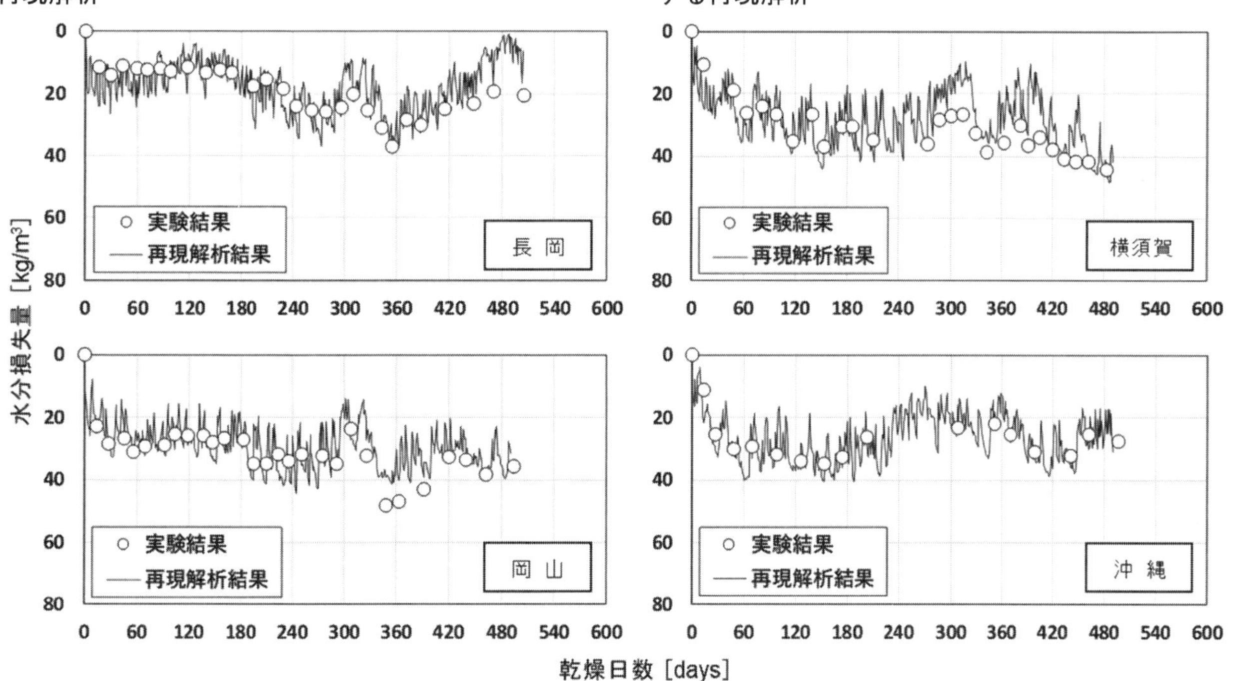

図 3.2.10　各暴露地点の水分量の変化に関する再現解析

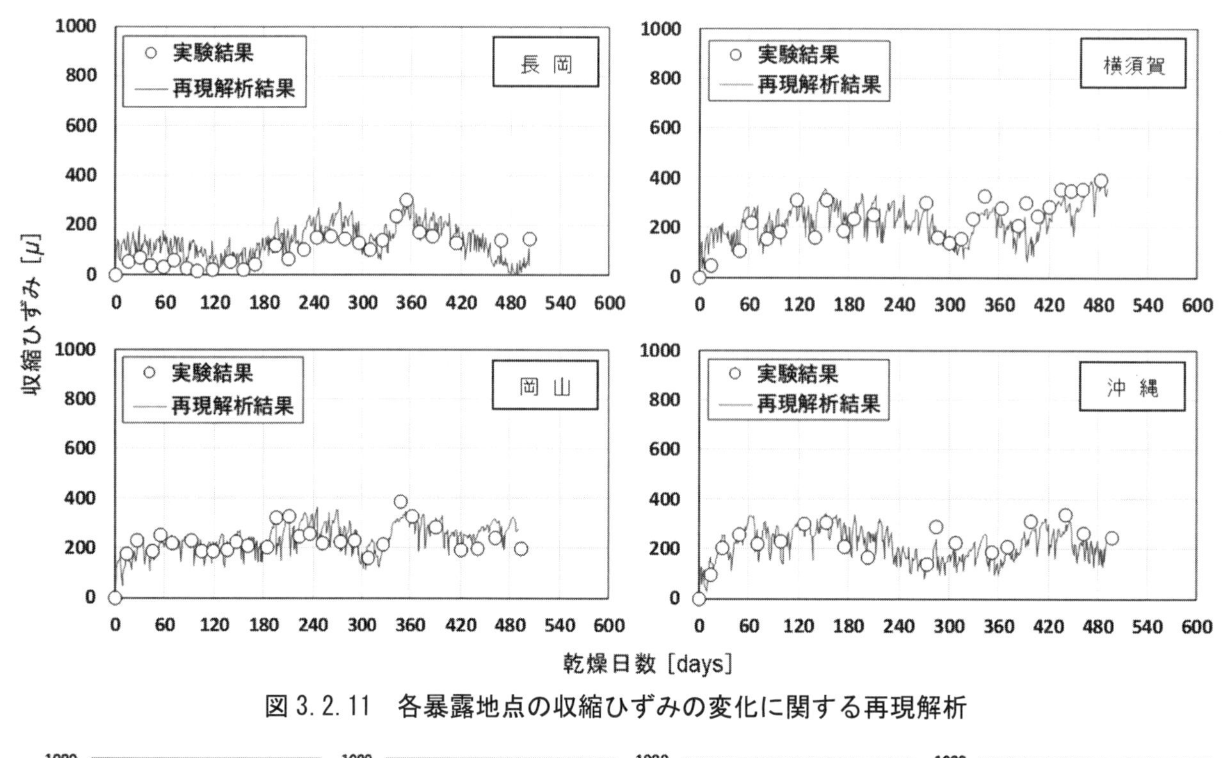

図 3.2.11　各暴露地点の収縮ひずみの変化に関する再現解析

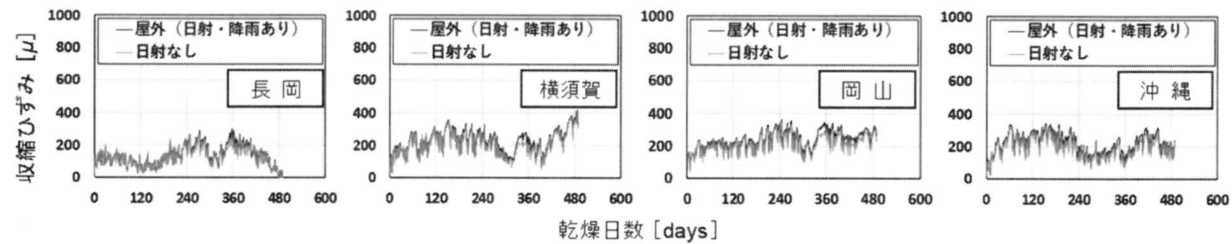

図 3.2.12　日射を考慮する場合と考慮しない場合の収縮ひずみ解析の比較

いずれの暴露地点の結果においても，乾湿挙動および収縮ひずみの変化について解析値と実験値が一致している．このことから，本研究で用いた水分移動解析および応力解析法は，温度，湿度，日射，降雨の影響を考慮しつつ，屋外におけるコンクリートの乾湿および収縮挙動を再現できることが確認された．

3.2.3　屋外の環境作用の影響を考慮する見かけの相対湿度の算定

（1）　屋外環境下の収縮予測において各環境作用が及ぼす影響に関する感度解析

3.2.1 において示した実験結果は温度，湿度，日射，降雨のすべての環境作用の影響を受けた結果として観測されたものである．個々の環境作用がどの程度収縮に影響しているのかを実験結果から判断することはできない．そこで本章では，精度が確認された 3.2.2 の解析手法を用いて，屋外のコンクリート部材の収縮挙動に及ぼす日射および降雨それぞれ単独の影響について，数値解析の結果から検討する．すべての環境作用を考慮した解析結果との差異を比較することによって日射および降雨の影響をそれぞれ抽出した．

a)　日射が収縮挙動に及ぼす影響

外部環境作用として，日射，温度湿度の変動，降雨の影響のすべてを考慮した解析結果と，このうち日射の影響のみを考慮しない解析結果との比較を**図 3.2.12** に示す．いずれの地点においても日射を考慮しないことで収縮ひずみが少し小さくなっているが，解析結果に大きな違いは見られなかった．日射によるコンクリートの温度変化は日中における一時的なものであるため，乾燥を促進させるほどではなかったと推察される．

夏期においては結果に差が少し出ているため，降雨が少なく日照時間が長い季節には影響が大きくなると考えられる．

b)　降雨が収縮挙動に及ぼす影響

外部環境作用として，日射，温度湿度の変動，降雨の影響のすべてを考慮した解析結果と，このうち降雨の影響のみを考慮しない解析結果との比較を**図 3.2.13** に示す．いずれの地点においても降雨を考慮しないことにより収縮ひずみが増大していることがわかる．しかし，横須賀・岡山・沖縄の 3 地点の結果については降雨の考慮の有無による違いは長岡と比較して小さかった．この理由として，降雨時間中は湿度が上昇するため，降雨による吸水を直接考慮しなくても，吸湿のみである程度乾湿の傾向が表現できたためと考えられる．各地の降雨発生時における湿度の平均値を算出すると，**表 3.2.6** に示すような結果となった．どの地点も降雨時の湿度は平均湿度より高くなっている．

一方，長岡の結果については降雨の影響を直接考慮するかどうかによって結果が大きく異なっている．実験で確認された冬期における収縮の停滞は，降雨を考慮しない解析では再現できなかった．**表 3.2.3** に示した各地点の降雨特性に着目すると，長岡は他の 3 地点よりも降雨時間が 2 倍近く長い．このため，降雨の影響を他の 3 地点よりも強く受けており，収縮挙動を適切に再現するには降雨による吸水の影響も考慮する必要があると考えられる．

以上の検討結果から，収縮予測における降雨の影響は湿度の時間変動のみでもある程度表現できるが，降雨・降雪時間の割合が多い地点ではそれらによる吸水の影響を考慮するのがよいことが明らかとなった．

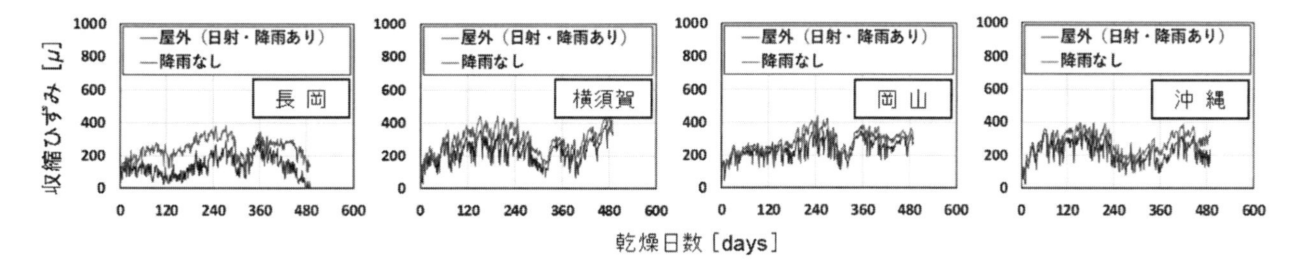

図 3.2.13　降雨を考慮する場合と考慮しない場合の収縮ひずみ解析の比較

表 3.2.6　各地の降雨発生時の平均湿度

	年平均湿度（2020 年）[%]	降雨時の平均湿度[%]
長　岡	75.5	92.1
横須賀	69.6	92.2
岡　山	70.8	93.1
沖　縄	77.0	91.8

(2)　湿度の時間変動が収縮に及ぼす影響に関する解析的検討

(1)に示した感度解析によって，湿度の時間変動を実測に基づいて与えることで，屋外のコンクリートの収縮挙動が概ね再現できることが示された．本節では，湿度の時間変動を忠実に考慮する場合と平均値で考慮する場合との差異を，数値解析を用いて検討する．またそのための基礎的検討として，湿度の変動を一定の振幅および周期をもつ正弦波で与えた数値解析を行い，湿度の時間変動が収縮に及ぼす影響に関する基本的傾向について考察する．

a)　湿度の時間変動を考慮した場合の結果と一致する一定湿度の同定

まず，日射および降雨を考慮しない解析について，長岡の気象データを用いて温度を年平均値の一定値，湿度について時間変動を考慮した場合の解析と，温湿度の両方を年平均値の一定値で考慮した場合の解析を実施した．その結果を**図 3.2.14** に示す．長岡の場合，湿度を一定で考慮した場合の解析は湿度変動を考慮した結果よりも収縮ひずみが大きくなることがわかる．次に，湿度の変動を考慮した場合の収縮ひずみの解析結果の時間平均値を求め，これと等価な解析結果を算出する一定湿度の入力値を，パラメータスタディによって同定する．その結果は**図 3.2.15** に示すとおりである．湿度の変動を考慮した場合の収縮ひずみは，1 年経過以降は大きな変化が見られず，定常状態になっていると考えられる．そのため，乾燥期間が 1 年以上であれば，乾燥日数が増減しても同定される一定湿度に影響しないとみなし，2021 年 1 月時点までのデータを使用して一定湿度を同定した．長岡の場合は，湿度を 82.5 %とすることで概ね一致することが明らかとなった．このことから，湿度の時間変動がある場合は，等価な収縮ひずみの解析結果を算出する入力湿度は，必ずしも湿度の平均値ではないということがわかる．同様の検討をほかの 3 地点の気象データを用いて実施した結果を**図 3.2.16** に示す．いずれの地点においても，一定湿度を与えて精度の高い解析結果の平均値と等価な解析結果を算出するには，年平均湿度よりも高い湿度を与える必要があることが明らかとなった．

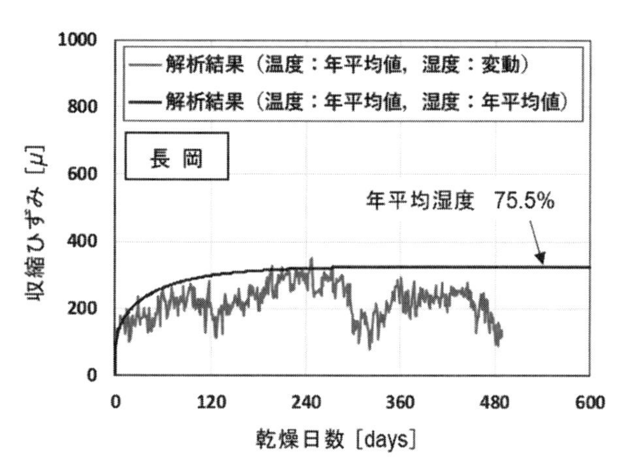

図 3.2.14　湿度変動を考慮した場合と湿度一定の場合の差異

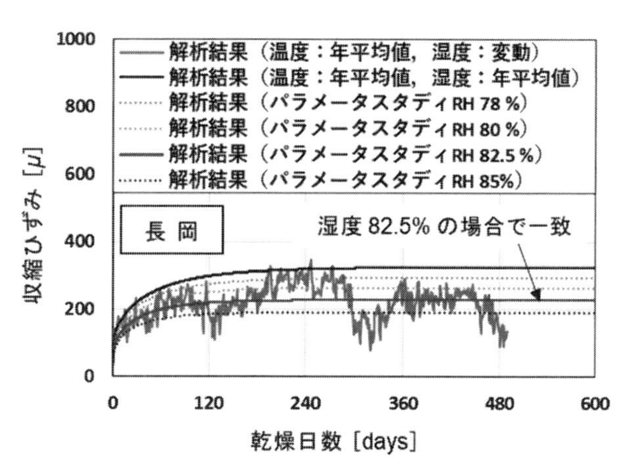

図 3.2.15　湿度変動を考慮した結果と一致する一定湿度の同定

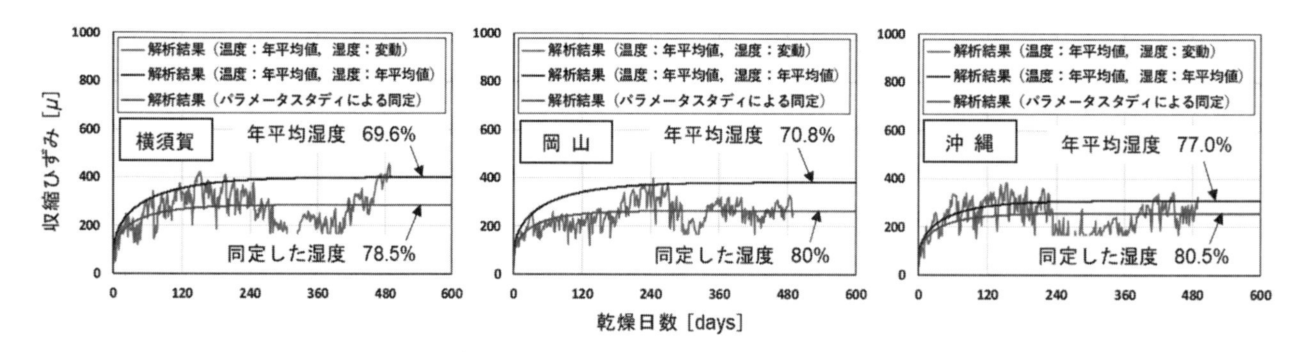

図 3.2.16　パラメータスタディによる湿度変動を考慮した場合の結果と一致する一定湿度の同定

b)　湿度の時間変動を考慮した場合の結果と一致する一定湿度の同定

湿度変動がある場合，平均湿度を与えても収縮ひずみの平均値を算定できない原因は，コンクリートの水分平衡特性，すなわち相対湿度と相対液状水量（＝相対含水率）の関係の非線形性にあると考えている．コンクリートの水分平衡特性は，コンクリートの細孔構造に依存した材料特性であり，使用材料や配合，材齢によって変化する．本検討では，著者らの既往の研究で開発した数値計算プログラム[2)]を用いて，今回の実験に用いたコンクリートの水分平衡特性を算出した．その結果を**図 3.2.17** に示す．相対湿度 70 %以上の高湿度領域においては相対湿度－相対液状水量関係の非線形性が強くなる．そのため，この範囲で湿度変動がある場合では，湿度の平均値を与えて算出したコンクリートの含水量と，実際の含水量の時間平均値との乖離が生じる．その結果，収縮ひずみの推定値も実際の収縮ひずみの時間平均値と一致しない．

上記の仮説の妥当性を検証するためと，湿度の変動が収縮に及ぼす影響について系統的な知見を得るために，湿度の変動の振幅と中央値（平均値）をパラメータとした数値実験を行った．解析ケースを**表 3.2.7** に示す．湿度変動の周期については，水分量の変化に影響しないことを，周期を 1 日，3 日，7 日としたパラメータスタディによって確認した．そのため，今回の検討においては周期を 1 日の固定値として計算を行った．コンクリートの温度は 20 ℃の一定値とした．解析結果を**図 3.2.18** および**図 3.2.19** に示す．解析シリーズ A および B の結果から湿度変動幅と中央値（平均値）が収縮に及ぼす影響について考察する．高湿度域におけるシリーズ A の結果では，湿度の中央値が 70 %で同じであっても湿度の変動幅が大きくなるほど水分損失量が小さくなり，それに伴い収縮ひずみも小さくなっていることがわかる．一方，中湿度域のシリーズ B では，湿度の変動幅が水分損失量や収縮ひずみの平均値に及ぼす影響はシリーズ A よりも小さい．これは**図 3.2.17** に示したコンクリートの水分平衡特性が，湿度 50 %の近辺では線形性が高いためであると考えられる．このことから，湿度領域によって収縮挙動に及ぼす湿度変動の影響が異なるといえる．

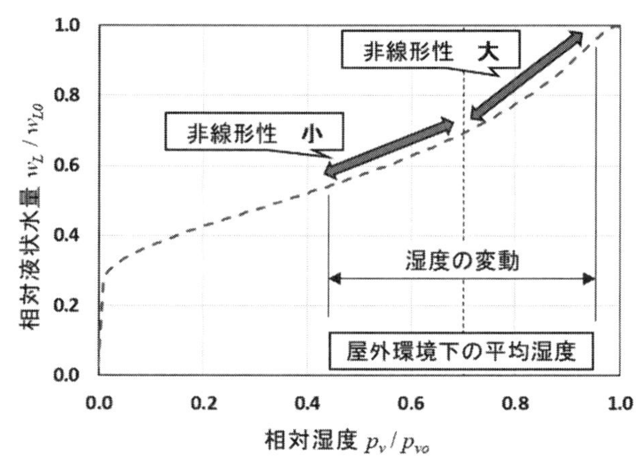

図 3.2.17　数値解析を行ったコンクリートの水分平衡特性

表 3.2.7　湿度変動の影響に関する解析ケース

解析ケース	湿度の中央値	湿度変動量	周期
A	70 %	±10 %	1 day
		±20 %	
		±30 %	
B	50 %	±10 %	1 day
		±20 %	
		±30 %	

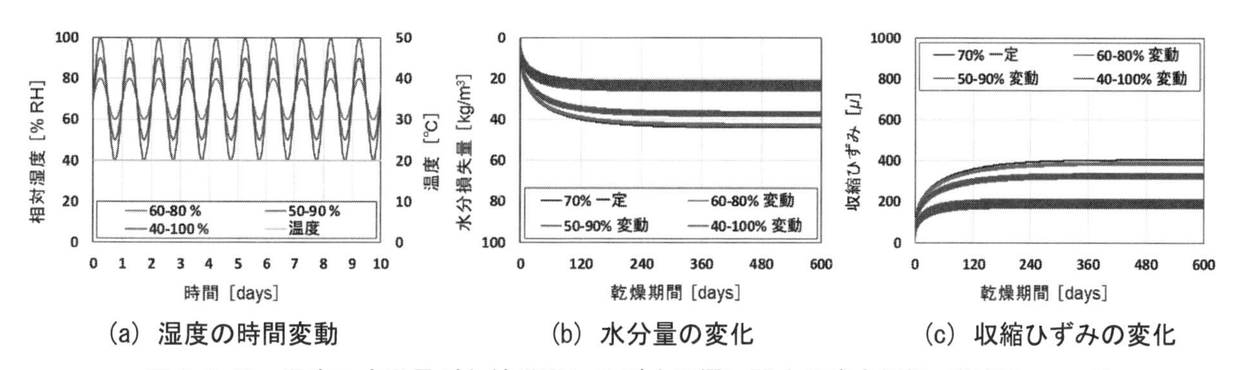

(a) 湿度の時間変動　(b) 水分量の変化　(c) 収縮ひずみの変化

図 3.2.18　湿度の変動量が収縮挙動に及ぼす影響に関する感度解析（解析ケース A）

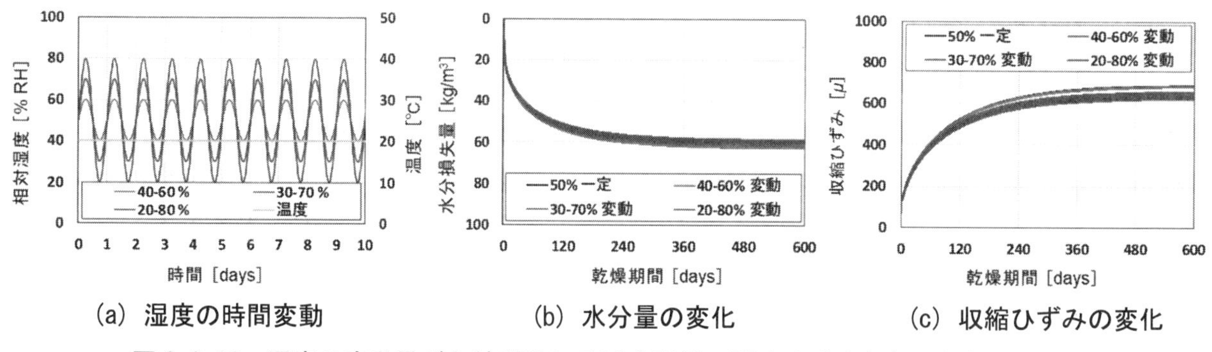

(a) 湿度の時間変動　(b) 水分量の変化　(c) 収縮ひずみの変化

図 3.2.19　湿度の変動量が収縮挙動に及ぼす影響に関する感度解析（解析ケース B）

表 3.2.8　湿度変動を考慮する係数の算出に関する解析ケース

解析シリーズ	湿度の中央値（平均湿度）	湿度変動量	周期
湿度変動なし	93 %	0 %	
湿度変動あり	90 %	±3 %	1 day
	80 %	±13 %	
	70 %	±23 %	
	60 %	±33 %	

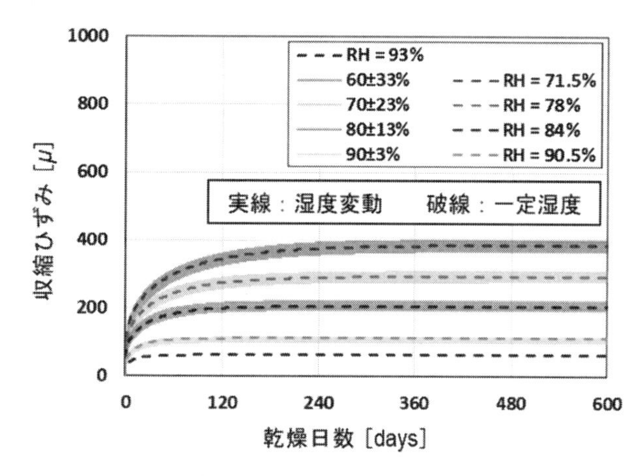

図 3.2.20　湿度変動を考慮した結果と一致する一定湿度の同定

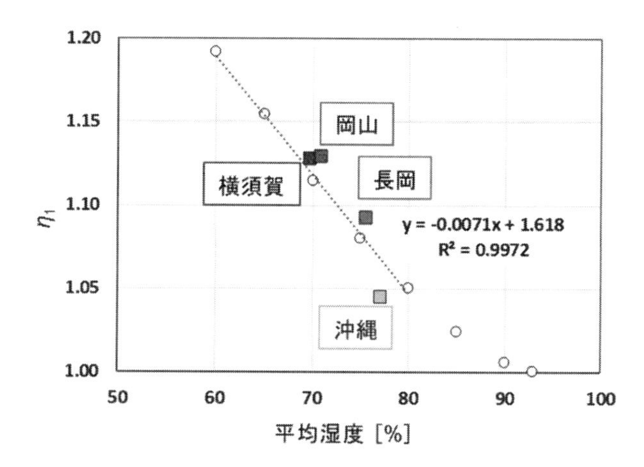

図 3.2.21　平均湿度と湿度変動を考慮する係数 η_1 の関係

c)　湿度変動の影響を考慮する係数の算出

前項までの検討より，高湿度環境下のコンクリートの収縮を一定値の湿度を与えて予測するためには，平均湿度よりも高い湿度を与える必要があることが明らかとなった．そこで，平均湿度からどの程度割り増すことで同等の結果を得ることができるのか，パラメータスタディによって湿度変動の影響を考慮する係数を同定する．

屋外環境下での大きな湿度変動は，降雨時間帯における高湿度が主たる要因である．そのため，湿度変動を考慮することで間接的に降雨の影響も考慮することになる．また，**表 3.2.6** によれば降雨時間帯における湿度はどの地点でも 92～93%程度であった．これらを考慮して決定した解析ケースを**表 3.2.8** に示す．中央値をパラメータとし，湿度の最大値が降雨時の湿度を想定した 93%となるように変動量を設定した．以上の条件のもと，湿度が変動する環境下の収縮ひずみを各平均湿度の場合について計算した．

次に，時間平均ひずみを指標として，上記の解析結果と等価な結果をもたらす一定湿度をパラメータスタディによって同定した．その結果を**図3.2.20**に示す．平均湿度が低いほど，入力する湿度を平均値よりも大きくする必要があることがわかる．

同定した湿度を平均湿度で除した値を，湿度変動を考慮するための係数η_1とし，平均湿度との関係をプロットした結果が**図3.2.21**である．**表3.2.8**の解析ケースに加え，同様の解析を湿度の中央値が65，75，85％の場合でも実施した．また，a)で算出した，各実験地点の気象データから算出した係数もあわせて示す．屋外環境下で考えられる平均湿度である60～80%の範囲では，平均湿度とη_1はほぼ線形の関係であり，回帰式により式(3.2.4)で表すことができる．

$$\eta_1 = -0.0071 \times RH + 1.618 \tag{3.2.4}$$

a)の検討において，実際の温湿度データから求めた各地点の係数についても，同様の傾向を示している．このことから，この関係は，屋外における湿度の時間変動を考慮するために湿度を見かけ上大きくする係数η_1を算出する実験式として，ある程度の適用性があると考えられる．

(3)　湿度変動および降雨の影響を乾燥収縮予測に考慮する手法の提案

(2)の検討から，屋外における湿度の変動を考慮する係数を算出する実験式について，ある程度の適用性が示された．本節では，現行の土木学会の乾燥収縮予測式において屋外の環境作用の影響を見かけの相対湿度によって考慮し，屋外のコンクリート部材の収縮を予測する手法について提案する．

a)　コンクリート標準示方書の収縮予測式

2017年制定のコンクリート標準示方書［設計編］では，コンクリート部材の収縮ひずみの経時変化を求める方法として，式(3.2.5)が採用されている[7]．

$$\varepsilon'_{ds}(t,t_0) = \frac{\frac{1-RH/100}{1-60/100}\cdot\varepsilon'_{sh,inf}\cdot(t-t_0)}{\left(\frac{d}{100}\right)^2\cdot\beta+(t-t_0)} \tag{3.2.5}$$

ここに，$\varepsilon'_{ds}(t,t_0)$：部材の乾燥収縮ひずみ

t, t_0　：コンクリートの材齢および乾燥開始材齢(day)

RH　：構造物の置かれる環境の平均相対湿度(%)

d　：有効部材厚(mm)

$\varepsilon'_{sh,inf}$　：乾燥収縮ひずみの最終値

β　：乾燥収縮ひずみの経時変化を表す係数

今回の検討では，全面が乾燥面であるため有効部材厚dを100 mmとした．乾燥収縮ひずみの最終値$\varepsilon'_{sh,inf}$および乾燥収縮ひずみの経時変化を表す係数βについては，恒温室内の収縮試験の結果と**表3.2.4**の配合から決定した．

b)　恒温室における収縮試験の結果と予測式との比較

恒温室内における乾燥収縮ひずみの経時変化と乾燥収縮予測式との関係を**図3.2.22**に示す．式(3.2.5)中のRHは，恒温室内の平均湿度である50 %とした．恒温室内での収縮の経時変化は，乾燥収縮予測式で良好に再現できていることがわかる．また，著者らの数値解析の結果ともよく一致している．

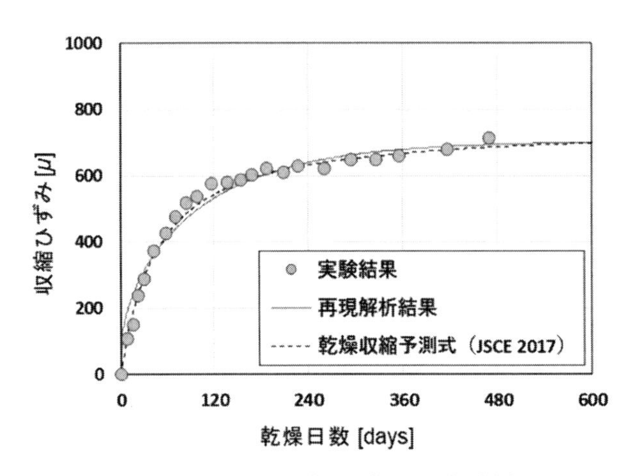

図 3.2.22　予測式による恒温室内の実験結果の再現

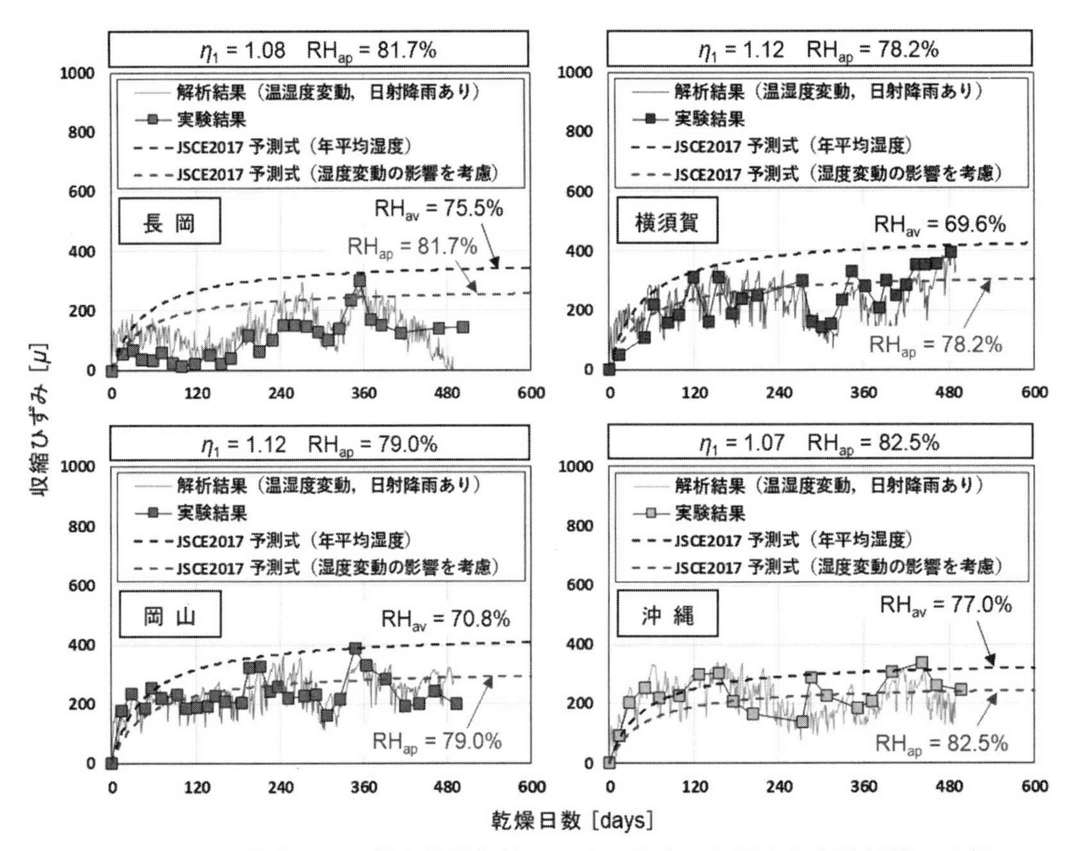

図 3.2.23　湿度変動の影響を乾燥収縮予測式で考慮した場合と実験結果の比較

c)　湿度変動の影響を考慮する係数を用いた暴露実験結果の再現

(2)で提案した湿度変動の影響を考慮する係数を平均湿度に乗じた相対湿度を用いることで，今回の暴露実験結果を乾燥収縮予測式で再現できるか検証する．式(3.2.5)で示した予測式中のRHは，平均湿度の代わりに式(3.2.6)から算出される見かけの相対湿度RH_{ap}を用いる．式中のη_1は式(3.2.4)を用いて算出した．

$$RH_{ap} = \eta_1 \times RH_{av} \tag{3.2.6}$$

式(3.2.6)を予測式に適用して，各地点の収縮ひずみを求めた結果を図 3.2.23 に示す．従来の方法である平均湿度を適用する場合よりも実験値の中央値により近い値を算定することができることがわかる．しかし，長岡の結果については，湿度変動の影響を考慮するだけでは実験値の中央値に近い値を算定することができなかった．(1)で検討したように，他の地点よりも降雨時間の長い長岡では降雨の影響を直接考慮する必要があると考えられる．

d)　乾燥収縮予測式における降雨の影響を考慮する方法の検討

c) の検討により，降雨時間の長い地点は，湿度変動の考慮による間接的な降雨の影響に加えて，降雨の影響を直接考慮する必要があることが示された．

そこで，時間平均ひずみを指標として，実験結果および**図 3.2.11** に示したすべての環境作用を考慮した場合の解析結果を用いて，それらと等価な結果となる相対湿度を算出した．その結果を**表 3.2.9** に示す．長岡では RH を 88.5 %とすることで一致し，湿度変動の影響を考慮した値よりもさらに高い値を入力値とする必要がある．ほかの地点についても，沖縄ではほとんど値に差はなかったものの，湿度変動を考慮した湿度よりもさらに大きな値とすることでさらに実験結果に近づくことがわかる．

湿度変動を考慮した場合の湿度と実験結果と等価な結果となる湿度との比が，まだ考慮されていない降雨の影響だと考え，降雨の影響を表す係数を算出する．**表 3.2.9** に示した実験結果と等価な結果となる湿度と湿度変動を考慮した湿度との比を降雨の影響を考慮する係数η_2とする．降雨時間割合を 1 年間において降雨が生じている時間の割合と定義し，年間降雨時間の割合とη_2との関係を表したものが**図 3.2.24** である．各地の降雨時間割合は，**表 3.2.3** の 1 年間の総降雨時間から算出した．降雨時間割合とη_2が線形関係であると仮定すれば，降雨の影響を表すη_2は式(3.2.7)の回帰式によって表すことができる．

$$\eta_2 = 1 + 0.4121 \times p_{rain} \tag{3.2.7}$$

ここに，p_{rain}　：降雨時間割合

表 3.2.9　降雨の影響の考慮に必要となる湿度の同定

実験地点	実験結果と等価な結果となる湿度 RH'[%]	湿度変動を考慮した値との比（η_2） $RH'/(\eta_1 \times RH_{av})$	降雨時間割合 p_{rain}
長　岡	88.5	1.08	0.179
横須賀	80.5	1.04	0.084
岡　山	79.5	1.03	0.066
沖　縄	81.5	1.01	0.081

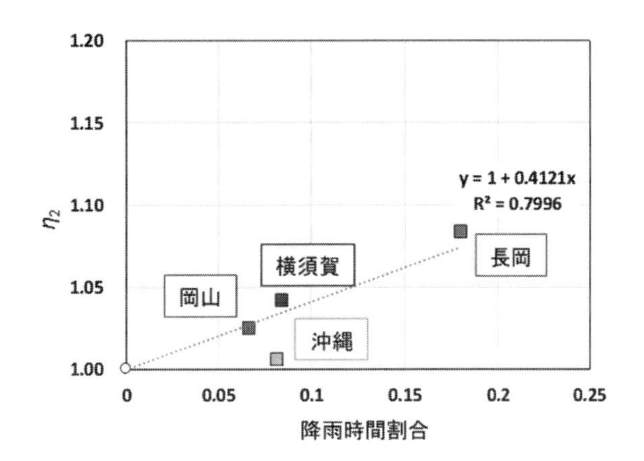

図 3.2.24　各地の降雨時間割合と η_2 の関係

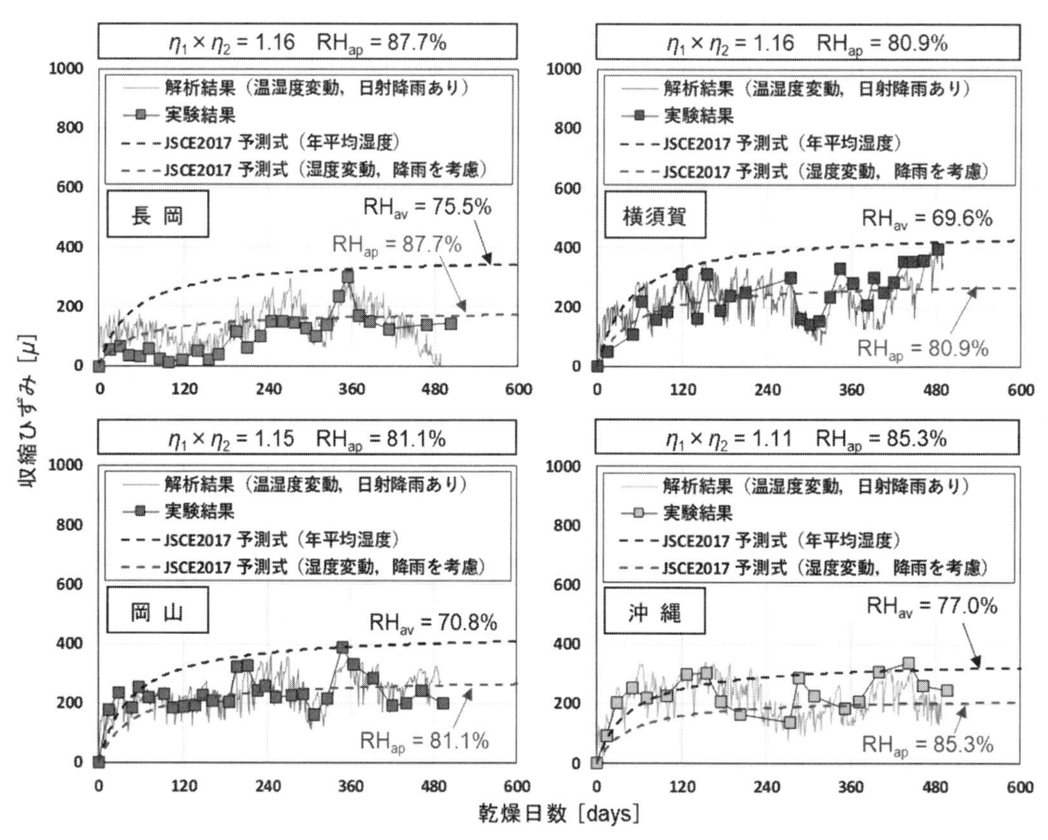

図 3.2.25　湿度変動と降雨の影響を乾燥収縮予測式で考慮した場合と実験結果の比較

以上の検討より，各地の降雨時間割合に応じて降雨を考慮する係数を算出し，湿度変動を考慮した湿度に乗じることで屋外環境下において収縮に影響を及ぼす環境作用である湿度変動および降雨の影響をそれぞれ考慮することが可能となる．

最後に，湿度変動の影響と降雨の影響を考慮する係数を平均湿度に乗じた見かけの相対湿度を乾燥収縮予測式に適用することで，実験結果を再現できるかを改めて検証する．式(3.2.5)で示した予測式中のRHは，平均湿度の代わりに式(3.2.8)から算出される見かけの相対湿度RH_{ap}を用いる．

$$RH_{ap} = \eta_1 \times \eta_2 \times RH_{av} \tag{3.2.7}$$

結果を図 3.2.25 に示す．すべての地点において実験結果の中央値に近い値を算出する予測ができるようになった．以上の検討により，湿度変動を考慮する係数と降雨の影響を考慮する係数を乾燥収縮予測式に導入することで，気候特性の異なる各地の平均収縮ひずみを簡易的に予測することが可能となった．

（執筆者：蓑輪　圭祐，川端　雄一郎）

3.3 実環境下における大型試験体及び実構造物レベルの収縮ひずみの検討

3.3.1　暴露実験による検討

(1)　試験体の作成

100×100×400mm の角柱試験体および 300×300×1800mm のはり試験体を同時に作製し，寸法が変化した場合の収縮挙動の差異について実験的に検討する．実験に用いたコンクリートの計画配合を**表 3.3.1** に，使用材料の物性値を**表 3.3.2** にそれぞれ示す．コンクリートの配合は標準的と考えられる配合を設定した．材齢 28 日における圧縮強度の実測値は 35.8 N/mm² であった．試験体は長岡技術科学大学の実験室で同時に作製した．28 日間封緘養生を行い，養生終了後，基長 300 mm でコンタクトチップを貼り付け，基長を測定した後，港湾空港技術研究所に運搬し暴露を開始した．

表 3.3.1　計画配合

W/C	s/a	単位量 [kg/m³]				
[%]	[%]	W	C	S	G	AE 減水剤
53	44	165	311	791	1029	C × 0.8 %

表 3.3.2　使用材料の物性値

セメント	普通ポルトランドセメント，密度 3.15 g/cm³
細骨材	表乾密度 2.62 g/cm³，吸水率 1.98 %
粗骨材	実積率 61.3 %，表乾密度 2.68 g/cm³， 吸水率 1.64 %，最大寸法 20 mm
混和剤	標準形 I 種 AE 減水剤
水	上水道水

(2)　実験結果

100×100×400mm の角柱試験体及び 300×300×1800mm のはり試験体の収縮ひずみの経時変化を**図 3.3.1** に示す．100×100 mm 断面の角柱試験体では収縮の時間変動幅が大きく，外部環境作用の影響を大きく受けていることがわかる．300×300 mm 断面のはり試験体の収縮の時間変動は，100×100 mm 断面に比べて小さくなっている．このことから，寸法が大きくなるほど，環境作用による収縮の変動幅は小さくなると考えられる．暴露開始から約 2 年が経過した時点での収縮ひずみは，断面寸法による差異は見られず，どちらの試験体においても約 200μ 程度となっている．乾燥収縮量の程度は，暴露環境に大きく影響している．今回の実験では,受けている環境作用が同一であるため,最終収縮ひずみは寸法によらず同一になると推察される.

(3)　数値解析による実験結果の再現

3.2.2 に示した数値解析手法を用いて，(2)の暴露実験結果の再現を行った．水分移動と収縮に関する材料パラメータは，20℃，湿度 50%の恒温室内で測定したコンクリート角柱供試体の水分損失量と収縮ひずみの経時変化より同定した．具体的な同定方法については，参考文献 1)および 4)を参照いただきたい．熱伝導に関する材料パラメータは，コンクリート標準示方書［設計編］に記載されている値とし，コンクリートの放射率λは，解析値が実測した表面温度と一致するよう同定した．なお，本研究では十分に水和が進行したコンクリートを検討の対象としているため，材料特性は材齢によらず終始一定とした．

暴露地点の収縮ひずみの経時変化に関する再現解析を**図 3.3.2** にそれぞれ実験結果とともに示す．今回の計算では時間ステップを 1 時間とし，気温，相対湿度，日照時間，全天日射量，降水量の 1 時間ごとの値を気象庁の気象観測点の観測記録から取得し，各時間ステップで気象データを更新することで各地の環境作用を表現した．降雨の判定は，降雨が記録される最小量である 0.5 mm でコンクリート表面が濡れると仮定し，降雨が観測された時間帯ではコンクリートの表面で雨水の吸水が生じるとして吸水計算を行った．

いずれの断面寸法の結果においても，収縮ひずみの変化について解析値と実験値が一致している．このことから，本研究で用いた水分移動解析および応力解析法は，寸法が変化した場合においても温度，湿度，日射，降雨の影響を考慮し，屋外におけるコンクリートの収縮挙動を再現できることが確認された．

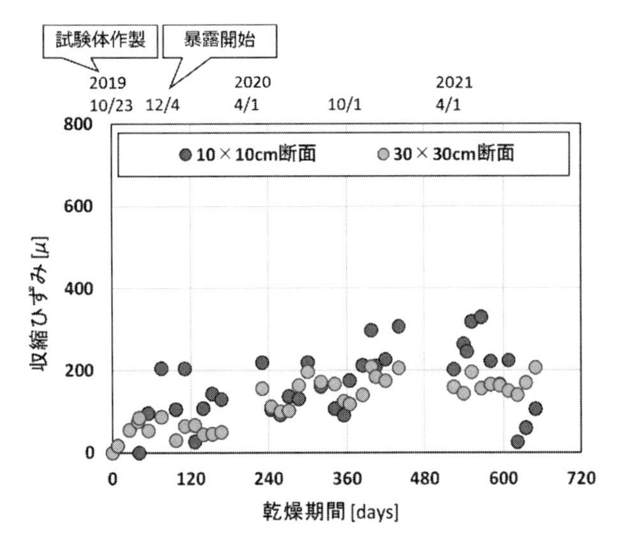

図 3.3.1　実験結果

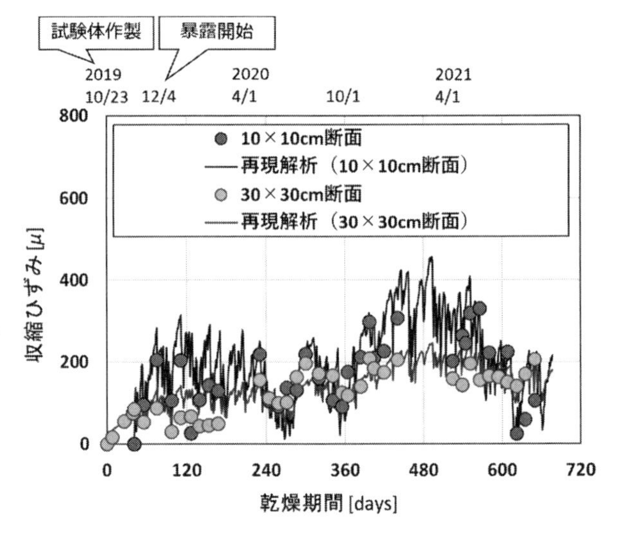

図 3.3.2　数値解析による実験結果の再現

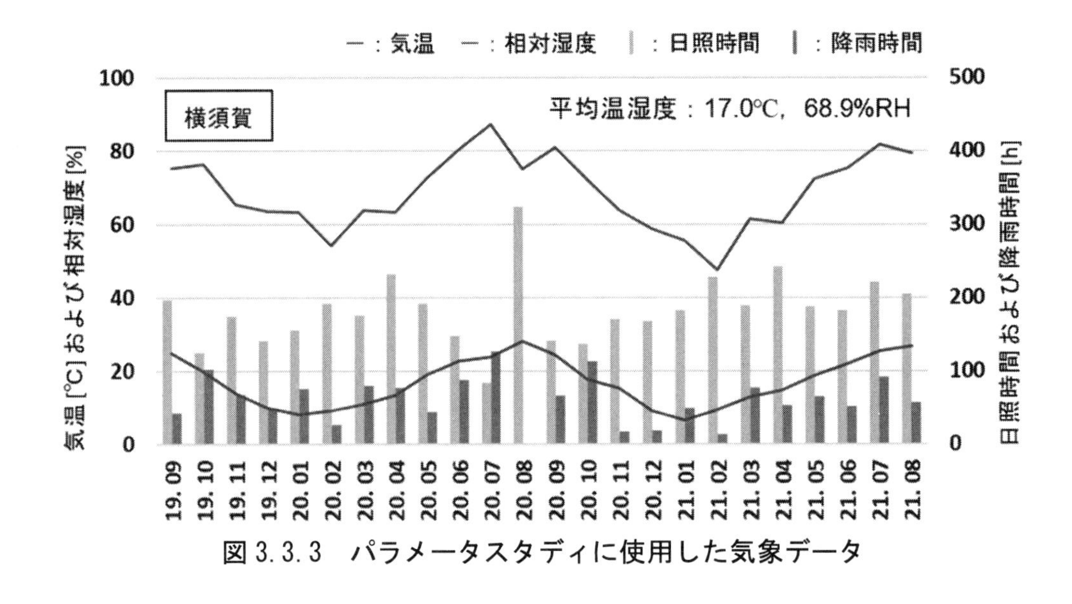

図 3.3.3　パラメータスタディに使用した気象データ

3.3.2　数値解析による検討

(1)　概要

3.3.1 において，断面寸法が大きなものは環境作用による収縮の変動幅が小さくなること，最終収縮量は寸法に影響しないことが示された．しかしながら，実験で確認した断面寸法の程度では，実構造物レベルの寸法について言及するには検証が不十分である．そこで，本検討では 3.2.2 および 3.3.1(2)によって精度が保証された数値解析手法を用いて，寸法を変化させた場合の収縮ひずみの変化についてパラメータスタディを実施した．

数値解析に用いた気象データを**図 3.3.3** に示す．本検討では，2019 年 9 月～2021 年 8 月までの 2 年間の横須賀の気象データを使用した．水分移動と収縮に関する材料パラメータおよび熱伝導に関する材料パラメータは，3.2.2 と同一のものとした．具体的な同定方法については，参考元文献 1)および 4)を参照いただきたい．また，これらの材料特性は材齢によらず終始一定とした．

(2)　解析結果

有効部材厚を 100mm～2000mm の範囲で変化させて，30 年間の収縮ひずみの経時変化を算出した．その結果を**図 3.3.4** に示す．寸法の違いは環境作用による収縮の変動幅に影響しており，部材厚が大きくなるほど収縮挙動の変動幅が小さくなることがわかる．また，部材厚が大きくなるほど，一定値に達するまでの時間が長くなり，乾燥初期に見られる収縮のカーブも緩やかになっている．しかし，いずれの寸法の場合においても，時間が十分に経過した時点での収縮ひずみの平均値は約 200μ に収束する結果となった．

今回の検討では，コンクリート中の乾湿挙動が可逆であるとし，物性値は寸法の変化や経時変化によらず一定であると仮定して収縮ひずみを算出した．その結果，寸法の違いが収縮ひずみの最終値に与える影響はなく，どの寸法でも一定であったこと，収縮ひずみの最終値は暴露地点の環境作用の影響によって変化していることが示された．実際のコンクリート構造物では，水和熱による温度履歴や水和反応速度などの影響で物性値が経時的・空間的に異なっていると考えられるため，さらなる検討が必要である．

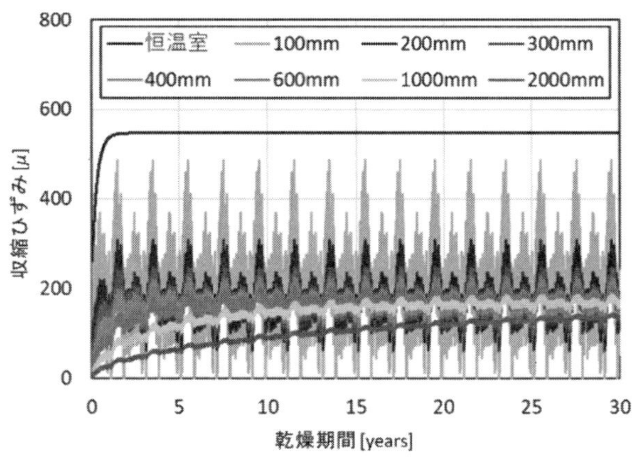

(a) 30 年間の収縮ひずみの変化

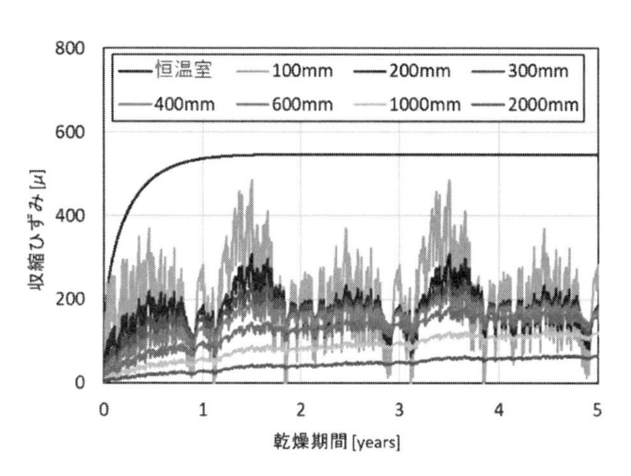

(b) 乾燥開始から 5 年間の収縮ひずみの変化

図 3.3.4 寸法を変化させた場合の収縮ひずみの変化に関する数値解析結果

3.3 章（3.3.1～3.3.2 章）の参考文献

1) 蓑輪圭祐，下村匠，川端雄一郎，藤井隆史，富山潤：屋外における環境作用がコンクリートの乾燥収縮に及ぼす影響に関する共通暴露試験と数値解析による検討，土木学会論文集 E2（材料・コンクリート構造），77 巻，4 号，pp. 134-149，2021.10
2) 気象庁：過去の気象データ・ダウンロード，https://www.data.jma.go.jp/gmd/risk/obsdl/index.php （最終閲覧日 2022 年 5 月 27 日）
3) 気象庁：令和 2 年の梅雨入りと梅雨明け（速報値），https://www.data.jma.go.jp/fcd/yoho/baiu/sokuhou_baiu.html （最終閲覧日 2022 年 5 月 27 日）
4) 下村匠, 前川宏一:微視的機構に基づくコンクリートの乾燥収縮モデル, 土木学会論文集, No.520, pp.35-45, 1995.8
5) 小幡浩之，下村匠：骨材ーペースト複合モデルによるコンクリート部材の乾燥収縮応力解析，コンクリート工学年次論文報告集，Vol.21，No.2，pp.781-786，1999.6
6) 女屋賢人，下村匠，Thynn Thynn HTUT：屋外一般環境下におけるコンクリート構造物中の含水状態の長期変動解析法の高精度化，コンクリート工学年次論文集，Vol. 36，No.1，pp.760-765，2014.7
7) Thynn Thynn HTUT，本馬幸治，下村匠：実環境下におけるコンクリート中の水分移動の解析，コンクリート工学年次論文集，Vol. 32，No.1，pp.689-694，2010.7
8) 本馬幸治，Thynn Thynn HTUT，下村匠：乾湿を受ける実環境下におけるコンクリート中の水分量に及ぼす表面含浸材の効果とそのモデル化，コンクリート工学年次論文集，Vol. 33，No.1，pp.1631-1636，2011.7
9) 土木学会：2017 年制定　コンクリート標準示方書［設計編］，土木学会，pp.325-336，2018.
10) 土木学会：2017 年制定　コンクリート標準示方書［設計編］，土木学会，pp.106-110，2018.

（執筆者：蓑輪　圭祐，川端　雄一郎）

3.4 実構造物の収縮予測に向けた今後の検討課題

本報告書において，2 章では，国内外の収縮，クリープの実験データベース，さらには，実構造物サイズでのデータを活用して，2017 年制定のコンクリート標準示方書の設計予測式の精度を検証した．また，3 章では，収縮，クリープの予測式精度向上に向けたパラメータの改善や追加について，機械学習も用いた検討を実施し，降雨のある実環境下における収縮挙動については，異なる気候条件での実験的な検討に加え，数値解析による環境作用の定量評価を行った．さらには，実構造物レベルまで含めた寸法の異なる部材での実環境下における収縮挙動について，実験及び解析の両面で検討を行った．

収縮の予測式においては，国内の室内実験と比較した結果，骨材の品質の影響が大きく，現状の予測式にある骨材の品質の影響を表す係数αを適切に設定する必要があることが改めて確認された．また，機械学習による国内データの回帰分析によれば，予測式にある骨材の吸水率のみならず，絶乾密度や表乾密度といった骨格としての岩種や硬化組織に関連したパラメータの重要度が高く，予測式のパラメータとして活用できる可能性が示唆された．さらには，乾燥 28 日の収縮データを機械学習に用いることで，乾燥 6 か月の収縮予測が誤差 50μ 以下まで向上した．乾燥収縮に対する骨材特性だけでなく，コンクリートの設計に関するパラメータでは表現しきれていない，材料特性，施工性といった影響も，28 日という短い乾燥期間の収縮ひずみにも明確に反映されると考えられ，短期の収縮ひずみを計測することで，長期的な収縮特性を把握することができると期待される．

クリープについては，国内の予測式でも他国のデータを含め，比較的精度よく予測ができた．この理由として，クリープの進行は，載荷時間を変数とした対数関数に概ね比例することがミクロ，マクロの両面から報告されており，対数関数をベースにしたコンクリート標準示方書の予測式は，長期においても一定レベルの予測精度を持つと推察される．さらに，機械学習による回帰分析では，圧縮強度，W/C の重要度が高く，クリープの大きさは W/C など配合の影響を包含する圧縮強度も強く依存するといえ，コンクリート標準示方書は載荷時間の対数関数と圧縮強度をともに考慮していることから，精度が高いと考えられた．

上述のように，室内実験の供試体の収縮については，骨材品質の影響が大きく，ばらつきも大きいが，実構造物レベルの部材寸法では，降雨のある実環境においては，1.2 節で示した構造設計の最終収縮度として用いられる 150～200μ 程度にとどまる．さらには，小型供試体でも降雨に曝される環境では，降雨の吸水膨張と乾燥収縮が繰り返されながら，国内では気候によらず，平均的な終局ひずみは 150～200μ 程度となった．小型供試体では，断面が小さく，膨張収縮の振れが大きいが，実構造物レベルの寸法になると，吸水と乾燥の繰り返しは表層にとどまる一方で，表層の水分の出入りによって内部湿度は外気の湿度まで下がらず，外気の平均湿度から予測される乾燥収縮ひずみより小さくなると考えられる．実際，コンクリートの水和などによる材料変化を考えなければ，部材内の平均的な内部湿度は，供試体サイズによらず終局的に同程度になり，それに伴う乾燥収縮ひずみも終局的には 200μ 程度になることが数値解析からも示された．

今後は，骨材品質による室内実験のばらつきが，実構造物レベルの寸法，さらには，降雨のある実環境下で，どの程度影響するかについての検討が必要といえる．さらには，実構造物の収縮が見かけ上小さくても，1.3 節に示したように，拘束の状況によっては損傷を生じるため，材料の自由収縮のみに着目することは好ましくない．次章では，構造的な視点から，コンクリート材料の収縮及びクリープの感度が複合構造物の構造設計に与える影響について，考察する．

（執筆者：浅本　晋吾）

第4章　実規模の複合構造物における収縮，クリープの影響

4.1 はじめに

3 章までの材料スケールにおける検討結果を踏まえ，本章では構造物スケールにおける収縮，クリープの影響について，損傷事例や設計における取り込み方をまとめ，また数値解析による評価と実測との比較検討を行った結果を報告する．また本章の最後には複合構造におけるコンクリートと鋼部材の接合法の例を紹介する．

4.2 実物大合成桁における収縮，クリープの影響

本節では，設計における収縮，クリープの影響が，設計結果にどの程度影響しているかを検討する．ここでは，代表的な構造形式として，鋼とコンクリートの連続合成桁橋について，仮想橋梁を用いた試設計を行い，コンクリートの収縮およびクリープの影響を比較検討する．

4.2.1 収縮に関する設計法の概要

収縮に対する設計では，道路橋[1]，鉄道橋[2]ともにコンクリートの最終収縮度は200μとしている．鋼とコンクリートの合成断面において，この 200μの収縮がコンクリート床版に作用した場合の変形は，鋼桁に拘束されるため断面内部のコンクリート床版と鋼桁にそれぞれ曲げモーメントと軸力が内部応力として生じることになる．鉄道橋の設計基準[2]においては，この内部応力を以下に示す式(4.2.1)～式(4.2.4)により算定してよいとしている．

$$N_c = \frac{\varepsilon\prime_s \cdot E_s}{\frac{n_\varphi}{A_c} + \frac{1}{A_s} + \frac{n_\varphi \cdot d^2}{I_c + n_\varphi \cdot I_s}} \tag{4.2.1}$$

$$N_s = \frac{\varepsilon\prime_s \cdot E_s}{\frac{n_\varphi}{A_c} + \frac{1}{A_s} + \frac{n_\varphi \cdot d^2}{I_c + n_\varphi \cdot I_s}} \tag{4.2.2}$$

$$M_c = \frac{I_c}{I_c + n_\varphi \cdot I_s} \cdot N_c \cdot d \tag{4.2.3}$$

$$M_s = \frac{n_\varphi \cdot I_s}{I_c + n_\varphi \cdot I_s} \cdot (-N_c) \cdot d \tag{4.2.4}$$

ここに，n_φ：コンクリートの鋼に対する見かけのヤング係数比で次式により算定してよい

$$n_\varphi = n(1 + \varphi_2/2) \tag{4.2.5}$$

ここにφ_2：収縮による影響を考慮した場合のクリープ係数で，一般に$\varphi_2 = 1.5\varphi_1$としてよい．

φ_1：コンクリートのクリープ係数で，一般に$\varphi_1 = 2.0$を標準とする．

N_c，N_s，M_c，M_s：時間$T = 0$から$T = \infty$までの間にコンクリートの収縮によって，コンクリート床版断面の図心軸，鋼桁断面の図心軸に加わる軸方向力と曲げモーメント．軸方向力は引張側を正側，曲げモーメントは下側引張の方向を正側とする．

ε'_s：コンクリートの最終収縮度で，一般に$\varepsilon'_s = 200 \times 10^{-6}$とする．
E_s：鋼のヤング係数（$= 2.0 \times 10^8\ kN/m^2$）
A_s：鋼桁の断面積
A_c：コンクリート床版の断面積
I_s：鋼桁の断面二次モーメント
I_c：コンクリート床版の断面二次モーメント
d：コンクリート床版断面の図心軸から鋼桁断面の図心軸までの距離

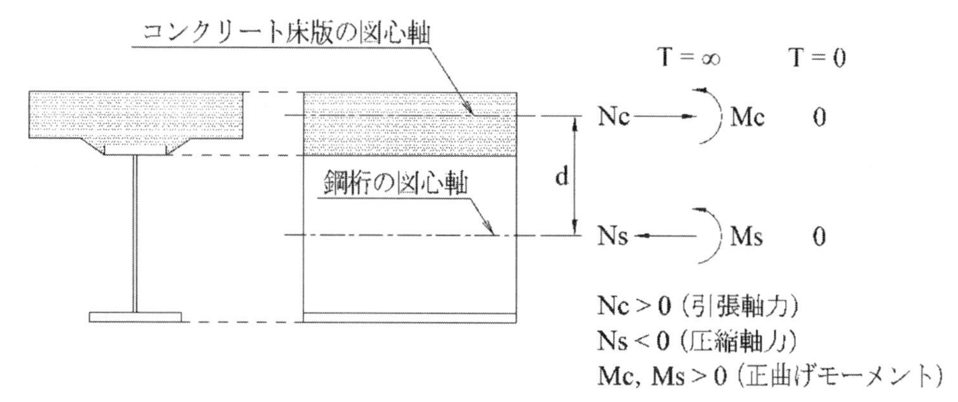

図 4.2.1　収縮を考慮するための力学モデル

単純合成桁であれば，特定の断面位置での内部応力は，他の断面には影響しないため，そのまま合成桁の応答値として算出される．しかし，連続合成桁は不静定構造であるため，特定の断面位置での内部応力は，他の断面に影響することとなるため，前記の曲げモーメントを荷重として作用させる手法や，弾性荷重を作用させる手法などを用いた計算を行う必要がある．

4.2.2　クリープに関する設計法の概要

クリープ係数はコンクリートの養生，湿潤等の状態に関係し，材齢の若い時期から死荷重やプレストレス等のように継続的に作用する荷重（持続荷重）を作用させるほど大きくなる．そのため，クリープの影響に対する応答値は，合成後死荷重による曲げモーメントから算出する．

鉄道橋の設計基準 [2)]においては，式(4.2.6)に示すコンクリートの鋼に対する見かけのヤング係数比n_cにより得られた合成断面の断面定数を用いて合成後死荷重に対する照査を行うことでクリープの影響を考慮したものとしている．

$$n_c = n(1 + \varphi_1) \tag{4.2.6}$$

ここに，n_c　：クリープの影響を考慮する場合に用いるコンクリートの鋼に対する見かけのヤング係数比
n　：鋼とコンクリートのヤング係数比（$= 7$）
φ_1　：コンクリートのクリープ係数で，一般に$\varphi_1 = 2.0$を標準とする．

クリープ係数は，環境条件，載荷時のコンクリートの材齢，コンクリートの配合，部材の厚さ，載荷後の経過時間などによって異なるが，道路橋 [1)], 鉄道橋 [2)]ともに 2 を用いている．鉄道橋の設計基準 [2)]においては，

床版のコンクリートが大気中にさらされた状態で，コンクリートの強度が85%の強度(ただし材齢5日以上)に達した後に，合成後の死荷重を載荷する場合を標準としてクリープ係数2を定めたとしている．

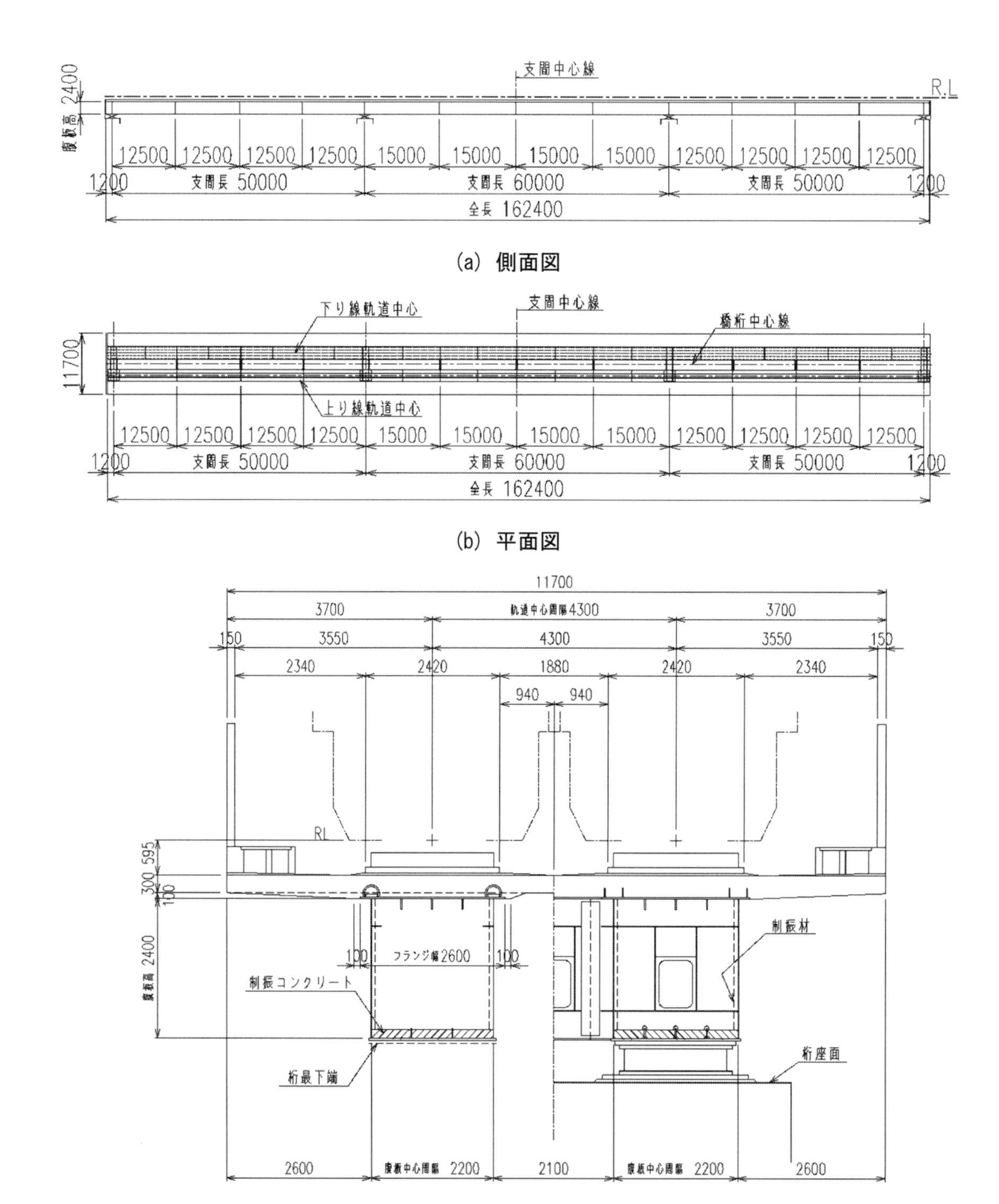

(a) 側面図

(b) 平面図

(c) 断面図（左側：支間中央部，右側：支点部）

図 4.2.2　検討対象橋梁の一般図

4.2.3　検討対象橋梁の概要

試設計を行う橋梁は，鉄道用の連続合成桁を想定した．支間長および径間数は鉄道橋として標準的と考えられる支間長50m+60m+50mの3径間連続合成桁，複線2主箱桁形式とした．検討対象橋梁の一般図を**図 4.2.2** に示す．設計基準は現行の鉄道橋の基準として【鉄道構造物等設計標準・同解説　鋼・合成構造物，平成21

年７月，公益財団法人鉄道総合技術研究所】を用い，列車荷重には新幹線Ｈ荷重を用いた．本構造の支点条件は，ゴム支承を用いた水平力分散シューを想定し，構造解析上は各支点にゴム支承を再現した水平ばねモデルを設定している．なお，収縮・クリープに関する構造解析では，前項で解説した通り，断面内のモーメント作用（弾性荷重）として解析するため，収縮・クリープの応答値に今回の支点条件の影響は生じていない．

4.2.4　検討ケース

本検討では，**表 4.2.1** に示す検討ケースに対して試設計を行うものとした．

表 4.2.1　試設計に用いる検討ケース

ケース番号	最終収縮度	クリープ係数	備考
ケース０	200μ	2	鉄道基準に準拠した基本ケース
ケース１	100μ	2	収縮に着目，鉄道基準より小
ケース２	400μ	2	収縮に着目，鉄道基準より大
ケース３	200μ	2.5	クリープに着目，鉄道基準より大
ケース４	200μ	3	クリープに着目，鉄道基準より大

本検討では，コンクリートの最終収縮度とクリープ係数をパラメータとしている．ケース０は鉄道基準に準拠した基本ケース，ケース１と２は収縮の変化に着目したケース，ケース３と４はクリープ係数の変化に着目したケースである．

最終収縮度が変化した場合，試設計においてはコンクリートの収縮による内部応力と不静定力が変化するものと考えられる．クリープ係数が変化した場合，試設計においてはクリープによる不静定力が変化するものと想定される．また，見かけのヤング係数比が変化することになる．クリープ係数と見かけのヤング係数比の関係を**表 4.2.2** に示す．

見かけのヤング係数比が変化した場合，試設計においてはコンクリートの収縮による内部応力と不静定力が変化するものと想定される．さらに，合成後死荷重に対する断面剛性が変化し，合成後死荷重に対する応答値が変化するものと想定される．

表 4.2.2　クリープ係数と見かけのヤング係数比の関係

ケース番号	クリープ係数		ヤング係数比		
	基本値	収縮用	基本値	クリープ用	収縮用
	φ_1	$\varphi_2 = 1.5\varphi_1$	n	$n_c = n(1+\varphi_1)$	$n_\varphi = n(1+\varphi_2/2)$
ケース０	2	3	7	21	17.5
ケース１	2	3	7	21	17.5
ケース２	2	3	7	21	17.5
ケース３	2.5	3.75	7	24.5	20.125
ケース４	3	4.5	7	28	22.75

注）表内に示す算出式は鉄道基準[2)]による．道路基準[1)]とは式が異なるものもあるため注意を要する．

4.2.5　検討結果

各検討ケースにおける内部応力と不静定力の算出結果を**表 4.2.3** 示す．表内の(　)内の数値はケース 0 を 1.000 とした場合の比率を示す．

クリープによる内部応力については，鉄道基準では合成後死荷重に含むため別途算出しないことから記載は省略している．収縮による内部応力は収縮度の変化に比例し，クリープ係数の変化に反比例している結果を得た．床版に作用する曲げは，表示桁数が他に比べて少ないため，比率値にばらつきはあるが，概ね同傾向であると考えられる．

表 4.2.3　内部応力と不静定力の算出結果

<table>
<tr><th colspan="6"></th><th>ケース 0</th><th>ケース 1</th><th>ケース 2</th><th>ケース 3</th><th>ケース 4</th></tr>
<tr><td rowspan="9">内部応力</td><td colspan="5">クリープ</td><td colspan="5">鉄道基準では合成後死荷重に含むため別途算出しない</td></tr>
<tr><td rowspan="8">収縮</td><td rowspan="4">側径間</td><td>床版に作用する軸力</td><td>Nc</td><td>kN</td><td>1404.1
(1.000)</td><td>702.0
(0.500)</td><td>2808.1
(2.000)</td><td>1333.3
(0.950)</td><td>1269.4
(0.904)</td></tr>
<tr><td>鋼桁に作用する軸力</td><td>Ns</td><td>kN</td><td>1404.1
(1.000)</td><td>702.0
(0.500)</td><td>2808.1
(2.000)</td><td>1333.3
(0.950)</td><td>1269.4
(0.904)</td></tr>
<tr><td>床版に作用する曲げ</td><td>Mc</td><td>kN・m</td><td>8.3
(1.000)</td><td>4.1
(0.494)</td><td>16.5
(1.988)</td><td>6.8
(0.819)</td><td>5.7
(0.687)</td></tr>
<tr><td>鋼桁に作用する曲げ</td><td>Ms</td><td>kN・m</td><td>2280.0
(1.000)</td><td>1140.0
(0.500)</td><td>4560.1
(2.000)</td><td>2166.1
(0.950)</td><td>2063.0
(0.905)</td></tr>
<tr><td rowspan="4">中央径間</td><td>床版に作用する軸力</td><td>Nc</td><td>kN</td><td>1324.1
(1.000)</td><td>662.0
(0.500)</td><td>2648.2
(2.000)</td><td>1260.7
(0.952)</td><td>1203.1
(0.909)</td></tr>
<tr><td>鋼桁に作用する軸力</td><td>Ns</td><td>kN</td><td>1324.1
(1.000)</td><td>662.0
(0.500)</td><td>2648.2
(2.000)</td><td>1260.7
(0.952)</td><td>1203.1
(0.909)</td></tr>
<tr><td>床版に作用する曲げ</td><td>Mc</td><td>kN・m</td><td>8.6
(1.000)</td><td>4.3
(0.500)</td><td>17.2
(2.000)</td><td>7.1
(0.826)</td><td>6.0
(0.698)</td></tr>
<tr><td>鋼桁に作用する曲げ</td><td>Ms</td><td>kN・m</td><td>2089.1
(1.000)</td><td>1044.6
(0.500)</td><td>4178.3
(2.000)</td><td>1990.2
(0.953)</td><td>1900.1
(0.910)</td></tr>
<tr><td rowspan="6">不静定力</td><td rowspan="3">クリープ</td><td rowspan="2">弾性荷重</td><td>側径間</td><td>q_1</td><td>1/m</td><td>3.38E-05
(1.000)</td><td>3.38E-05
(1.000)</td><td>3.39E-05
(1.003)</td><td>4.04E-05
(1.195)</td><td>4.71E-05
(1.393)</td></tr>
<tr><td>中央径間</td><td>q_2</td><td>1/m</td><td>2.82E-05
(1.000)</td><td>2.82E-05
(1.000)</td><td>2.87E-05
(1.018)</td><td>3.33E-05
(1.181)</td><td>3.96E-05
(1.404)</td></tr>
<tr><td colspan="2">中間支点部の負曲げ</td><td>M_{CR}</td><td>kN・m</td><td>1565.0
(1.000)</td><td>1565.0
(1.000)</td><td>1565.0
(1.000)</td><td>1860.0
(1.188)</td><td>2205.0
(1.409)</td></tr>
<tr><td rowspan="3">収縮</td><td rowspan="2">弾性荷重</td><td>側径間</td><td>q_1</td><td>1/m</td><td>5.52E-05
(1.000)</td><td>2.76E-05
(0.500)</td><td>1.11E-04
(2.002)</td><td>5.25E-05
(0.951)</td><td>5.00E-05
(0.906)</td></tr>
<tr><td>中央径間</td><td>q_2</td><td>1/m</td><td>5.78E-05
(1.000)</td><td>2.89E-05
(0.500)</td><td>1.16E-04
(2.000)</td><td>5.51E-05
(0.953)</td><td>5.26E-05
(0.910)</td></tr>
<tr><td colspan="2">中間支点部の負曲げ</td><td>M_{SH}</td><td>kN・m</td><td>5125.0
(1.000)</td><td>2565.0
(0.500)</td><td>10255.0
(2.001)</td><td>4885.0
(0.953)</td><td>4615.0
(0.900)</td></tr>
</table>

クリープによる不静定力（中間支点部の負曲げ）は，式(4.2.7)に示す弾性荷重を作用させた骨組解析により求めた．式(4.2.7)より収縮度の変化による影響は無く，クリープ係数の変化に伴う見かけのヤング係数の変化に比例しているものと考えられる．

弾性荷重　$q(x)=\frac{M\varphi}{E_s \cdot I_{v14}}=\frac{N_c \cdot d_{c14}}{E_s \cdot I_{v14}}\cdot\alpha=\frac{A_c \cdot d_{c14} \cdot d_{c7} \cdot \alpha}{n \cdot E_s \cdot I_{v14} \cdot I_{v7}}\cdot M_{d2}(x)$　(4.2.7)

ここに，n　：鋼とコンクリートのヤング係数比（$=7$）

φ_1　：コンクリートのクリープ係数（$=2$，以下$\varphi_1=2$の場合を示す）

E_s　：鋼のヤング係数（$=2.0\times10^8\ kN/m^2$）

α　：係数（$=2\varphi_1/(2+2\varphi_1)=1.0$）

n'　：クリープの影響を考慮する場合のヤング係数比（$=n\cdot(1+\varphi_1/2)=14$）

N_c　：合成後死荷重曲げモーメントによるコンクリートに作用している軸圧縮力（$=M_{d2}\cdot d_{c7}\cdot A_c/(n\cdot I_{v7})$）

M_{d2}　：合成後死荷重曲げモーメント

A_c　：コンクリートの断面積

$I_{v7}(I_{v14})$　：$n(n')$を用いて求めた合成断面の中立軸に関する鋼に換算した断面二次モーメント

$d_{c7}(d_{c14})$　：コンクリート断面の中立軸から$n(n')$を用いて求めた合成断面の中立軸までの距離

収縮による不静定力は，式(4.2.8)に示す弾性荷重を作用させた骨組解析により求めた．そのため式(4.2.8)より収縮度の変化に比例し，クリープ係数の変化に反比例している結果である．これは内部応力と同様な傾向となっている．

弾性荷重　$q(x)=\frac{M_{v2}}{E_s \cdot I_{v2}}=\frac{\varepsilon_s \cdot A_c \cdot d_{c2}}{n_2 \cdot I_{v2}}$　(4.2.8)

ここに，n　：鋼とコンクリートのヤング係数比（$=7$）

φ_1　：コンクリートのクリープ係数（$=2$，以下$\varphi_1=2$の場合を示す）

φ_2　：収縮時のコンクリートのクリープ係数（$=1.5$，$\varphi_1=3.0$）

ε_s　：収縮時による応力算定に用いる最終収縮度（$=0.0002$）

n_2　：材令による補正を行ったクリープを考慮したヤング係数比（$=n\cdot(1+\varphi_2/2)=17.5$）

A_c　：コンクリートの断面積

d_{c2}　：コンクリート断面の中立軸を用いて求めた合成断面の中立軸までの距離

I_{v2}　：n_2を用いて求めた合成断面の中立軸に関する鋼に換算した断面二次モーメント

試設計の結果として，側径間中央部における断面照査結果を**表 4.2.4** に示す．ここでは比較検討のため，鋼断面の板厚はケース０で決定した板厚を他のケースにも適用している．なお，照査値において値が負となっているものは，最終的な合計の照査値に対して，正負逆の応答値が生じていることを示している．

床版上縁での断面照査結果に収縮とクリープは影響していない．これは，床版の照査結果を安全側に評価するため，収縮しない場合やクリープしない場合に配慮して，収縮とクリープは組合せないとしているためである．ケース３と４については，クリープ係数の変化に伴い見かけのヤング係数比が変化し，合成後死荷重に対する断面剛性が変わったことにより照査値が変化しているが，その変化は若干であり照査結果に対する影響は非常に小さいものである．

上フランジ上縁において，クリープ係数の変化は，合成後死荷重の照査値に若干の影響を及ぼしているが，大きな影響は与えていない．収縮の照査値は，収縮度の変化に比例している．ケース０で用いた収縮度 200μ

表 4.2.4　側径間中央部での断面照査結果

			ケース０	ケース１	ケース２	ケース３	ケース４
床版上縁	M_{D2}	合成後死荷重	0.192	0.192	0.192	0.190	0.187
	M_L	活荷重	0.231	0.231	0.231	0.231	0.231
	M_I	衝撃荷重	0.085	0.085	0.085	0.085	0.085
	M_C	遠心荷重	0.000	0.000	0.000	0.000	0.000
	N_{sh}	乾燥収縮（内部応力）	-0.078	-0.039	-0.156	-0.074	-0.070
	M_{sh}	乾燥収縮（内部応力）	0.009	0.005	0.018	0.008	0.006
	M_{sh}'	乾燥収縮（不静定力）	-0.045	-0.023	-0.091	-0.045	-0.041
	N_T	温度差（内部応力）	0.030	0.030	0.030	0.030	0.030
	M_T	温度差（内部応力）	-0.009	-0.009	-0.009	-0.009	-0.009
	M_T'	温度差（不静定力）	-0.017	-0.017	-0.017	-0.017	-0.017
	M_{CR}'	クリープ（不静定力）	-0.014	-0.014	-0.014	-0.014	-0.020
	計		0.512	0.512	0.512	0.511	0.507
上フランジ上縁	M_{D1S}	合成前死荷重（鋼桁他）	0.194	0.194	0.194	0.194	0.194
	M_{D1C}	合成前死荷重（ｺﾝｸﾘｰﾄ床版）	0.421	0.421	0.421	0.421	0.421
	M_{D2}	合成後死荷重	0.118	0.118	0.118	0.129	0.138
	M_L	活荷重	0.053	0.053	0.053	0.053	0.053
	M_I	衝撃荷重	0.020	0.020	0.020	0.020	0.020
	M_C	遠心荷重	0.000	0.000	0.000	0.000	0.000
	N_{sh}	乾燥収縮（内部応力）	0.047	0.023	0.093	0.044	0.042
	M_{sh}	乾燥収縮（内部応力）	0.091	0.046	0.182	0.087	0.082
	M_{sh}'	乾燥収縮（不静定力）	-0.010	-0.005	-0.021	-0.010	-0.009
	N_T	温度差（内部応力）	0.018	0.018	0.018	0.018	0.018
	M_T	温度差（内部応力）	0.035	0.035	0.035	0.035	0.035
	M_T'	温度差（不静定力）	-0.004	-0.004	-0.004	-0.004	-0.004
	M_{CR}'	クリープ（不静定力）	-0.003	-0.003	-0.003	-0.003	-0.005
	N_{LR}	ロングレール縦荷重	-----	-----	-----	-----	-----
	計		0.978	0.915	1.105	0.983	0.985
下フランジ下縁	M_{D1S}	合成前死荷重（鋼桁他）	0.140	0.140	0.140	0.140	0.140
	M_{D1C}	合成前死荷重（ｺﾝｸﾘｰﾄ床版）	0.303	0.303	0.303	0.303	0.303
	M_{D2}	合成後死荷重	0.201	0.201	0.201	0.201	0.199
	M_L	活荷重	0.228	0.228	0.228	0.228	0.228
	M_I	衝撃荷重	0.084	0.084	0.084	0.084	0.084
	M_C	遠心荷重	0.000	0.000	0.000	0.000	0.000
	N_{sh}	乾燥収縮（内部応力）	-0.044	-0.022	-0.089	-0.042	-0.040
	M_{sh}	乾燥収縮（内部応力）	0.065	0.033	0.131	0.062	0.059
	M_{sh}'	乾燥収縮（不静定力）	-0.045	-0.022	-0.090	-0.045	-0.040
	N_T	温度差（内部応力）	0.017	0.017	0.017	0.017	0.017
	M_T	温度差（内部応力）	-0.025	-0.025	-0.025	-0.025	-0.025
	M_T'	温度差（不静定力）	0.016	0.016	0.016	0.016	0.016
	M_{CR}'	クリープ（不静定力）	-0.014	-0.014	-0.014	-0.014	-0.019
	N_{LR}	ロングレール縦荷重	0.007	0.007	0.007	0.007	0.007
	計		0.970	0.970	0.970	0.971	0.969

表 4.2.5　中間支点部での断面照査結果

			ケース０	ケース１	ケース２	ケース３	ケース４
上側鉄筋	M_{D2}	合成後死荷重	0.213	0.213	0.213	0.213	0.213
	M_L	活荷重	0.219	0.219	0.219	0.219	0.219
	M_I	衝撃荷重	0.032	0.032	0.032	0.032	0.032
	M_C	遠心荷重	0.000	0.000	0.000	0.000	0.000
	M_{SH}'	乾燥収縮（不静定力）	0.071	0.036	0.143	0.068	0.064
	M_{CR}'	クリープ（不静定力）	0.022	0.022	0.022	0.026	0.031
	M_T'	温度差（不静定力）	0.026	0.026	0.026	0.026	0.026
	計		0.583	0.547	0.654	0.583	0.584
上フランジ上縁	M_{D1S}	合成前死荷重（鋼桁他）	0.162	0.162	0.162	0.162	0.162
	M_{D1C}	合成前死荷重（ｺﾝｸﾘｰﾄ床版）	0.347	0.347	0.347	0.347	0.347
	M_{D2}	合成後死荷重	0.165	0.165	0.165	0.165	0.165
	M_L	活荷重	0.170	0.170	0.170	0.170	0.170
	M_I	衝撃荷重	0.024	0.024	0.024	0.024	0.024
	M_C	遠心荷重	0.000	0.000	0.000	0.000	0.000
	M_{SH}'	乾燥収縮（不静定力）	0.055	0.028	0.111	0.053	0.050
	M_{CR}'	クリープ（不静定力）	0.017	0.017	0.017	0.020	0.024
	M_T'	温度差（不静定力）	0.020	0.020	0.020	0.020	0.020
	N_{LR}	ロングレール縦荷重	0.000	0.000	0.000	0.000	0.000
	計		0.961	0.933	1.016	0.962	0.962
下フランジ下縁	M_{D1S}	合成前死荷重（鋼桁他）	0.136	0.136	0.136	0.136	0.136
	M_{D1C}	合成前死荷重（ｺﾝｸﾘｰﾄ床版）	0.291	0.291	0.291	0.291	0.291
	M_{D2}	合成後死荷重	0.189	0.189	0.189	0.189	0.189
	M_L	活荷重	0.195	0.195	0.195	0.195	0.195
	M_I	衝撃荷重	0.028	0.028	0.028	0.028	0.028
	M_C	遠心荷重	0.000	0.000	0.000	0.000	0.000
	M_{SH}'	乾燥収縮（不静定力）	0.063	0.032	0.127	0.060	0.057
	M_{CR}'	クリープ（不静定力）	0.019	0.019	0.019	0.023	0.027
	M_T'	温度差（不静定力）	0.023	0.023	0.023	0.023	0.023
	N_{LR}	ロングレール縦荷重	0.010	0.010	0.010	0.010	0.010
	計		0.953	0.922	1.017	0.954	0.955

からケース１では半分の 100μ，ケース２では倍の 400μ としているため，両者については上フランジ厚の変更が必要となる程度の照査値の変化となっている．

下フランジ下縁は，径間部のコンクリート床版と同様に安全側の設計とするため，収縮やクリープが生じないことに配慮して，収縮とクリープは組合せないとしていることから照査値には概ね変化が無い．

試設計の結果として，中間支点の断面の照査結果を表 4.2.5 に示す．ここでは比較検討のため，鋼断面の板厚はケース０で決定した板厚を他のケースにも適用している．

中間支点断面は，一般に鋼と鉄筋の合成断面を用いる場合が多い．その場合，引張力を受けるコンクリートは無視するため，収縮とクリープによる作用は不静定力のみになり，径間中央部で行っていた安全側を考慮するために加算しないと言った手法は用いられていない．したがって，鉄筋，上フランジ，下フランジ，いずれの箇所においても，収縮度やクリープ係数の変化に比例した照査値となっている．

上側鉄筋においては，コンクリート床版上面のひび割れ制御から配置する鉄筋を決定しているため，安全性（耐荷性）の照査結果には比較的余力を有している．収縮，クリープの変化は，照査値は変化しても断面決定への影響はほとんどない．

上下フランジ縁において，クリープ係数の変化はクリープによる不静定力を増加させるが，収縮による不静定力を減少させるため，照査値の合計は大きく変化していない．収縮の変化は側径間中央部と同様にフランジ厚の変更が必要となる程度の照査値の変化となっている．

4.2.6　本節のまとめ

本節では，鋼とコンクリートの連続合成桁橋（仮想橋梁）を用いた試設計を行い，コンクリートの収縮およびクリープの影響を検討し，以下に示す傾向を得た．

- 径間中央部（正曲げ範囲）において，コンクリート床版と下フランジは応答値の符号から安全側の設計とするため収縮，クリープの影響を加算していないため，収縮，クリープの変化に対する影響は無い．上フランジについては収縮，クリープの変化により板厚の変更が必要となる程度の影響が生じることがわかった．
- 中間支点部（負曲げ範囲）において，鉄筋はひび割れ幅の抑制により断面決定しているため収縮，クリープの変化に対する影響は無い．上下フランジについては収縮，クリープの変化により板厚の変更が必要となる程度の影響が生じることがわかった．

4.2 章（4.2.1～4.2.6 章）の参考文献

1)　日本道路協会：道路橋示方書・同解説（II 鋼橋編），2012
2)　国土交通省監修，鉄道総合技術研究所編：鉄道構造物等設計標準・同解説（鋼・合成構造物），丸善，2009
3)　「新しい鋼橋の設計」編集委員会編：新しい鋼橋の設計，2002.12
4)　日本道路協会：鋼道路橋設計便覧，1980

（執筆者：久保　武明，谷口　望）

4.3　数値解析による合成桁橋の長期変形評価

4.3.1　はじめに

構造物を合理的に建設するには，インフラを構成する材料の特性やコストを適切に考慮し，それぞれの特性を最大限に生かした形で使用する必要がある．例えば鉄筋コンクリートは，圧縮に強い反面で引張に弱く，かつ低コストであるコンクリートに圧縮力を負担させ，引張力のみを相対的に高価な鉄筋に負担させることで，合理的な耐荷機構を形成している構造形式である．これに対して鋼コンクリート合成桁は，引張部材に鉄筋ではなく鋼桁を主に用いる構造形式であり，鋼材の軽量で強いという特性を活かすことで上部工重量を削減したり，剛性を高めたりすることで，更に構造設計の可能性を広げた構造形式であると言える．

このような複合構造形式の構造物を更に合理的に設計しようとする場合において重要になるのが，収縮やクリープといった時間依存変形特性が構造系全体に与える影響であり，またコンクリートと鋼材との界面での応力伝達である．複合構造物で使われるコンクリート部材は，多くの場合において一般的な鉄筋コンクリート部材よりも薄く，乾燥の影響を受けやすく，時間依存変形もより大きく影響する可能性がある．現行の設計手法ではコンクリートの収縮ひずみやクリープ係数に対して，経験に基づいた値を設定して設計が行われているが，構造物中での実測値あるいは高精度な数値解析手法による再現値によって，この値の妥当性を評価することは，長期間にわたり供用されるインフラの安全性確保や，更なる設計の合理化のうえで重要であると考えられる．

本稿では，最新の材料－構造応答連成解析を用いて，鋼コンクリート合成桁の部材実験や実橋の挙動に関する再現解析を行い，これを実測値や設計値と比較することで，実構造物で起きている事象の理解を深めるとともに，設計時仮定の妥当性を検討することを目的とした検討を行った結果を報告する．

(1)　使用する解析プログラム

本検討では検討手法として材料-構造応答連成解析システム DuCOM-COM3[1),2)]を用いる．本システムは水和発熱モデルと細孔構造形成モデル，水分消費・移動モデルを中心として多孔質体としてのコンクリートの形成過程を精緻に追跡する DuCOM システムと，多方向ひび割れモデルをベースに外力に対する鉄筋コンクリートの構造体としての挙動を評価する COM3 システムを連成することで構築された解析システムである(**図 4.3.1**)．本解析システムでは，nm スケールレベルの水分子の挙動と m スケールでの構造物挙動とが有機的にリンクされており，供用期間中における空隙中の水の動きが構造物の長期時間依存変形に与える影響を精緻に分析することが可能となっている．本システムによって，長大プレストレストコンクリート橋における過剰たわみの原因機構や，地中構造物頂版の過剰変形をもたらす遅れせん断ひび割れ形成機構，さらには乾燥の進行に伴う鉄筋コンクリート構造物の剛性低下といったような，乾燥の進行に伴って生じた様々な実現象の原因機構の解明がなされてきているところである[3)~7)]．

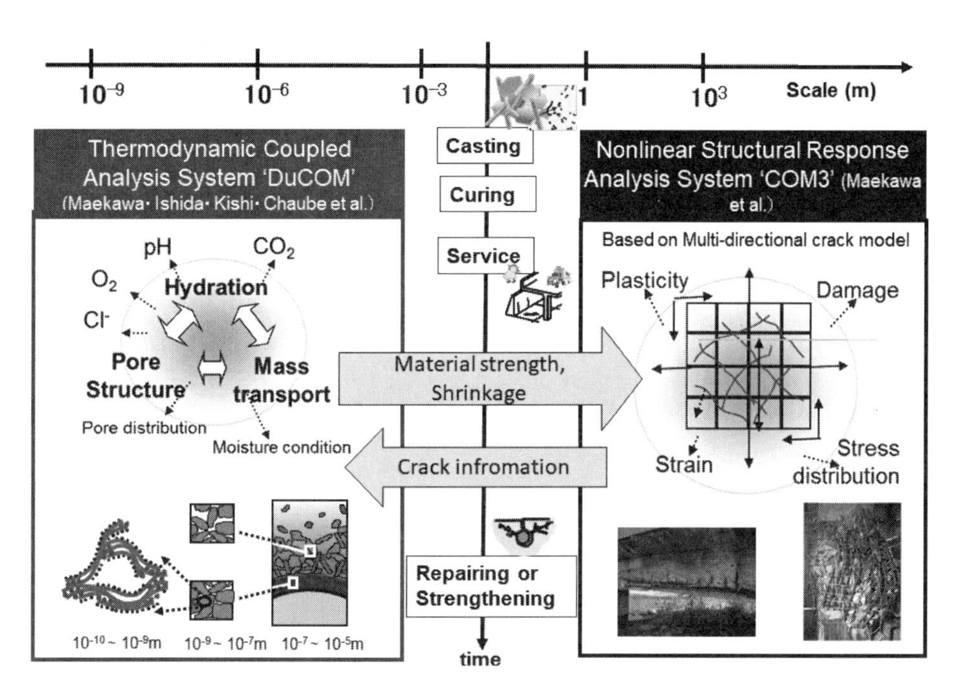

図 4.3.1　材料－構造応答連成解析システム DuCOM-COM3 の概念図

(2)　コンクリートの時間依存変形に関するモデル

a)　コンクリートの時間依存変形モデル

材料－構造応答連成解析システム DuCOM-COM3 では，セメント硬化体の仮想水和殻レオロジーモデルおよび骨材収縮モデルを用いてコンクリートの時間依存変形を表現している．これらのモデルの概要を以下に示す．なおこれらのモデルを用いるには，水和開始後のセメント硬化体を構成する各種空隙量変化やそれらの飽和度に関する情報が必要となるが，これらの情報は DuCOM システムの核となる複合水和発熱モデル－空隙形成モデル－水分移動消費モデルによる算定結果から得ることができる．

①　仮想水和殻レオロジーモデル

水和殻生成レオロジーモデルは，ある時間範囲でのコンクリートの水和に伴う力学的性能の発現を，バネ，ダッシュポッド，スライダーを組み合わせて表現される仮想水和殻が，既存の仮想水和殻に並列に追加していく形で表現するものである．セメントと水との接触以降においては，気中暴露開始前においても強度発現とともに熱応力や自己収縮駆動力が生じているが，これらの応力は既存の仮想水和殻によって負担されるものであり，新たに形成された仮想水和殻は無応力状態で形成され，その後の発生応力への抵抗に寄与する．仮想水和殻を構成する弾性モデル，粘弾性モデル，粘塑性モデル，塑性モデルについては，以下に説明する．

②　仮想水和殻中の弾性モデル

仮想水和殻の弾性バネは以下で表現される．

$$\sigma_{ly} = E_e \cdot \varepsilon_e \tag{4.3.1}$$

ここに，σ_{ly}　：仮想水和殻に生じる応力

E_e　：弾性バネの剛性

ε_e　：瞬間弾性ひずみ

式(4.3.1)はセメント硬化体骨格の固体部分による弾性応答を示すものである．ある時間範囲での水和によって形成された骨格に対応することから，以下のセメント硬化体の体積剛性を元にして以下の式で示される．

$$E_e = \frac{dK_{cp}}{d\psi} \tag{4.3.2}$$

ここに，K_{cp}　：セメントペーストの体積剛性

ψ　：水和度

なお，セメント硬化体や骨材の体積剛性K_{cp}およびK_{ag}とせん断剛性G_{cp}およびG_{ag}は以下の式によって与えられる．

$$K = \frac{E}{3(1-2\nu)} \tag{4.3.3}$$

$$G = \frac{E}{2(1+\nu)} \tag{4.3.4}$$

ここに，E　：ヤング係数

ν　：ポアソン比

セメント硬化体のヤング係数については，その時点のセメント硬化体の圧縮強度f_{cp}[N/mm^2]に基づき

$$E_{cp} = 716 \cdot {f_{cp}}^{0.785} \tag{4.3.5}$$

で与えられ，骨材のヤング係数は骨材の密度から

$$E_{ag} = \left(23.5 \cdot \gamma_{ag} - 57.8\right) \times 10^4 \tag{4.3.6}$$

によって与えられる．

セメント硬化体の圧縮強度f'_{cp}は以下の式によって与えられる．

$$f'_{cp} = f'_{\infty}\left[1 - exp\left\{-\alpha'\left(k \cdot \frac{D_{hyd,out}}{\theta}\right)^{\beta'}\right\}\right] \tag{4.3.7}$$

$$D_{hyd,out} = \frac{V_{hyd,out}}{V_{cap.ini}} = \frac{V_{cap.ini} - \phi_{cp}}{V_{cap.ini}} \tag{4.3.8}$$

$$\theta = \left(V_{cap.ini}\right)^{1/3} \tag{4.3.9}$$

$$V_{cap.ini} = \frac{{}^{W}/_{W_p} \cdot \rho_p}{{}^{W}/_{W_p} + 1} \tag{4.3.10}$$

$$f'_{\infty} = \left(A\frac{p_{c3S}}{p_{c3S} + p_{c2S}} + B\frac{p_{c3S}}{p_{c3S} + p_{c2S}}\right) \cdot p_c + C \cdot p_{sg} + D \cdot p_{fa} \tag{4.3.11}$$

ここに，f'_{∞} ：圧縮強度最終到達値

k ：水和生成物分布の偏りを表す係数

$D_{hyd,out}$：初期空隙量に対する外部生成物量の体積比

θ ：結合材料粒子間の距離の影響を表す関数 1

p_{c3S}, p_{c2S}：セメント中のエーライト，ビーライトの構成比

p_c, p_{sg}, p_{fa}：セメント，スラグ，フライアッシュの構成比

α', β'：材料定数

A, B, C, D：最終強度に与えるエーライト，ビーライト，スラグ，フライアッシュの寄与度

W ：単位セメントペースト体積あたりの水量

W_p ：単位セメントペースト体積あたりの粉体量

ρ_p ：粉体密度

セメント硬化体のポアソン比については，骨材の影響を考慮した有効ポアソン比として以下の式で与えられる．

$$v_{cp} = \left\{1 - y\left(x_p\right)\right\} \cdot v_{cp.pure} \tag{4.3.12}$$

$$y\left(x_p\right) = 0.98\left(1 - x_p\right)^{1.8} + 0.02 \left(when\ x_p \geq 1, y = 0.02\right) \tag{4.3.13}$$

$$x_p = v_{cp} + \left(E_{cp}/E_{ag}\right) \cdot V_{ag} \tag{4.3.14}$$

ここに，$v_{cp.pure}$：セメント硬化体のポアソン比(0.25 を仮定)

x_p ：セメント硬化体に換算されたコンクリートの固有体積であり，ポアソン比

一方，骨材のポアソン比は 0.2 で一定と仮定されている．

③　仮想水和殻中の粘弾性モデル

粘弾性モデルが表現するのは，持続応力による空隙への水の出入りに関係した可逆的変形である．主な表現対象となるのは，比較的粗大な空隙である毛細管空隙中の水の動きである．ゆっくりとした水の移動を表

現するためのダッシュポッドに，可逆性を表現するためのバネを並列で組み合わせたモデルとして，以下のように構成されている．

$$\sigma_{ly} = E_c \cdot \varepsilon_c + E_c \cdot C_c \frac{d\varepsilon_c}{dt} \tag{4.3.15}$$

ここに，σ_{ly}　：仮想水和殻に生じる応力
E_c　：粘弾性部分の体積剛性
ε_c　：粘弾性ひずみ
C_c　：ダッシュポッドの粘性係数

このうち粘弾性部分の体積剛性は以下のように示される．

$$E_c = a_{ec} \cdot E_e \cdot f_{ec}(S_{cap}) \tag{4.3.16}$$
$$a_{ec} = 3.0 \tag{4.3.17}$$
$$f_{ec} = 0.5\left(1 + {S_{cap}}^2\right) \tag{4.3.18}$$

ここに，a_{ec}　：瞬間弾性変形と遅れ可逆変形の差を考慮した定数
S_{cap}　：時間tにおける毛細管空隙の飽和度
f_{ec}　：空隙中の水分が負担する応力によって見かけのヤング係数が変化することを示す関数

また，ダッシュポッドの粘性係数は以下のように示される．

$$C_c = a_{cc} \cdot \beta_S^C(S_{cap}) \cdot \beta_T(\eta(T)) \cdot \beta_\gamma^C(B_{cap}) \tag{4.3.19}$$
$$a_{cc} = 4.3 \times 10^{-3} \tag{4.3.20}$$
$$\beta_S^C = -3.75 \cdot {S_{cap}}^3 + 5.7 \cdot {S_{cap}}^2 - 1.2 \cdot S_{cap} + 0.075 \tag{4.3.21}$$
$$\beta_T = 10 + \eta(T) \tag{4.3.22}$$
$$\beta_\gamma^C = \frac{B_{cap}}{10^6}\ \left(if\ \beta_\gamma^C < 0, \beta_\gamma^C = 1.0\right) \tag{4.3.23}$$
$$\eta = \eta_i \cdot exp\left(\frac{G_e}{RT}\right) / \eta_i^{2.95K} \tag{4.3.24}$$

ここに，a_{cc}　：定数
η　：無次元化した微細空隙構造中の液状水の粘性
η_i　：非理想条件下の液状水の粘性
G_e　：非理想条件下において液状水流れに要する付加的 Gibbs エネルギー
R　：気体定数
T　：絶対温度
$\eta_i^{2.95K}$　：温度$T = 295$（K）に対する非理想条件下における液状水の粘性
B_{cap}　：時刻tにおける毛細管空隙構造の形状を決定するパラメータで，$1/B_{cap}$が毛細管空隙の代表径に相当する．

④　仮想水和殻中の粘塑性モデル

粘塑性モデルはゲル空隙中の水の動きを表現するものである．ゲル空隙からの水分浸出が非可逆的現象であることを表現するため，ゆっくりとした水の動きを示すダッシュポッドと，非可逆的挙動を示すためのダッシュポッドを組み合わせて表現される．ダッシュポッドの動きはゲル空隙の寸法によっても影響を受けると考えられることから，これを同一の式形状の中で異なるパラメータを適用することで表現する．

$$\frac{d\varepsilon_g}{dt} = \frac{1}{C_g}\left(\varepsilon_{glim} - \varepsilon_{g.eq}\right) \tag{4.3.25}$$

$$\varepsilon_{g.eq} = \begin{cases} max\left(W/\sigma_{ly}, \varepsilon_g\right) \left(when\ 0 \leq \sigma_{ly}\right) \\ min\left(W/\sigma_{ly}, \varepsilon_g\right) \left(when\ \sigma_{ly} < 0\right) \end{cases} \tag{4.3.26}$$

$$W = \int \sigma_{ly} d\varepsilon_g \tag{4.3.27}$$

ここに，ε_g　：粘塑性ひずみ

ε_{glim}：粘塑性ひずみの収束値

$\varepsilon_{g.eq}$：等価塑性ひずみ

C_g　：ダッシュポッドの粘性に関する係数

⑤　仮想水和殻中の塑性モデル

塑性モデルは層間空隙からの水の動きを表現するものである．層間空隙は非常に小さく，ここから水が抜けた場合，層同士が化学結合することにより空隙の閉塞が生じる．本モデルの中ではこの空隙の変形は外部の応力に依存せず，熱力学的状態だけに依存するものという仮定の下，以下の式で表現される．

$$\frac{d\varepsilon_l}{dt} = E_l \cdot \phi_{int} \cdot \frac{dS_{int}}{dt} \tag{4.3.28}$$

ここに，ε_l　：塑性ひずみ

ϕ_{int}：層間空隙率

S_{int}　：層間空隙の飽和度

E_l　：単位空隙あたりの塑性ひずみ

b)　コンクリートの収縮駆動力評価モデル

コンクリートの収縮を引き起こす機構として，乾燥に伴うセメント硬化体の収縮，セメント硬化体の水和に伴う収縮，骨材の収縮の 3 つが想定されている．以下にそれぞれのモデルの概要を示す．

①　乾燥に伴うセメント硬化体の収縮

乾燥に由来した収縮駆動力として，10nm よりも大きな空隙では毛細管張力が卓越し，10nm よりも小さな空隙では分離圧に起因した駆動力が卓越すると仮定されており，収縮駆動力u_sはこれらの和として表される．

$$u_s = u_{sc} + u_{sd} \tag{4.3.29}$$

$$u_{sc} = A \cdot \left(V_{cp\_L} + V_{gl\_L}\right) \cdot P_l \tag{4.3.30}$$

$$u_{sd} = F_0 - F_t \tag{4.3.31}$$

ここに，u_{sc}　：毛細管張力による収縮駆動力

u_{sd}　：分離圧に起因する収縮駆動力
A　：感度解析により定められた定数で 8.0
V_{cp_L}：半径 10nm 以上の毛細管空隙に存在する水分量
V_{gl_L}：半径 10nm 以上のゲル空隙に存在する水分量
P_l　：間隙圧
F_0　：セメント硬化体の骨格から受ける引力
F_t　：分離圧による壁面への斥力

② セメント硬化体の水和に伴う収縮

セメント硬化体の体積が反応前のセメントと水の体積の和よりも小さくなることが，水和収縮として知られている．ここでは水セメント比が低くなるほどセメント粒子の距離が近くなることによる収縮への影響を表す$f(\delta_m)$と，セメント水和物の反応前からの体積変化を表すv_{ch}との積によって水和収縮が表現される．

$$\varepsilon_{ch} = v_{ch} \cdot f(\delta_m) \tag{4.3.32}$$

$$v_{ch} = \frac{W_{ch}}{1/\rho_l - 1/\rho_{ch}} \tag{4.3.33}$$

$$f(\delta_m) = 0.045 \cdot exp\left(-a{\delta_m}^b\right) \tag{4.3.34}$$

ここに，ε_{ch}　：水和収縮に起因した自己収縮
v_{ch}　：水和収縮
δ_m　：空隙構造形成モデルから算定されるセメント水和に伴う外部析出層の最大厚さ
W_{ch}：単位コンクリート体積当たりの結合水質量
ρ_l　：液状水の密度
ρ_{ch}　：結合水の密度
a，b：感度解析から定められた定数

③ 骨材の収縮

骨材の収縮は，骨材の飽和度と収縮量の関係に関する回帰式によって導かれる．

$$\varepsilon_{ag}^{sh} = \begin{cases} \varepsilon_{ag.max}^{sh} \cdot (1.0 - S_{ag}/0.95) & (S_{ag} \leq 0.95) \\ 0.0 & (0.95 < S_{ag}) \end{cases} \tag{4.3.35}$$

ここに，ε_{ag}^{sh}　：骨材収縮
$\varepsilon_{ag.max}^{sh}$：絶乾時の骨材収縮ひずみの最大値
S_{ag}　：骨材の飽和度

(3) 検討の進め方

コンクリートの長期時間依存変形挙動には配合や外環境だけではなく，部材寸法や内外に配置される鋼材による拘束の影響を受けて，収縮量が変化し，場合によってはひび割れが形成されたりする．本稿では各実測対象で用いられたコンクリートの配合に基づき，100mm×100mm×400mm の角柱供試体におけるコンクリ

ートの収縮の解析を行い，材料が潜在的に有している収縮特性を確認した上で，部材スケールでの長期挙動の解析を行うという 2 段階で検討を行った．

4.3.2　中型収縮供試体の再現解析

(1)　解析対象の概要

本検討で対象とするのは谷口らによって実測結果が報告されている，鋼コンクリート合成構造の小型供試体である [8]．対象の概要を**図 4.3.2** および**図 4.3.3** に示す．

なお，この検討で対象とするコンクリートには配合の詳細は示されておらず，配合に関わる情報は**表 4.3.1** に示されたものしかない．本検討では水セメント比とスランプを基にして**表 4.3.2** のように配合を推定し，この配合を基にして検討を行った．

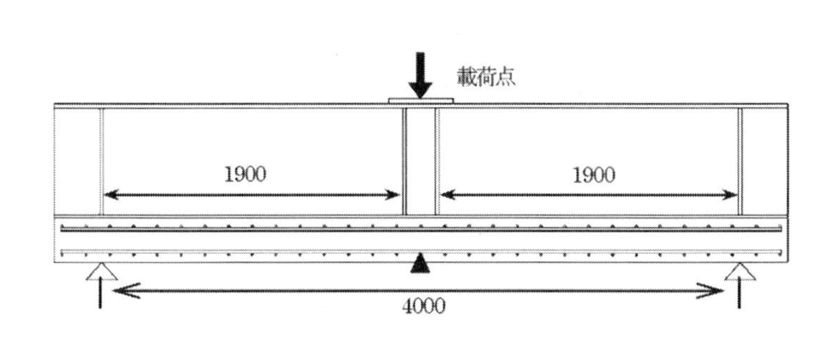

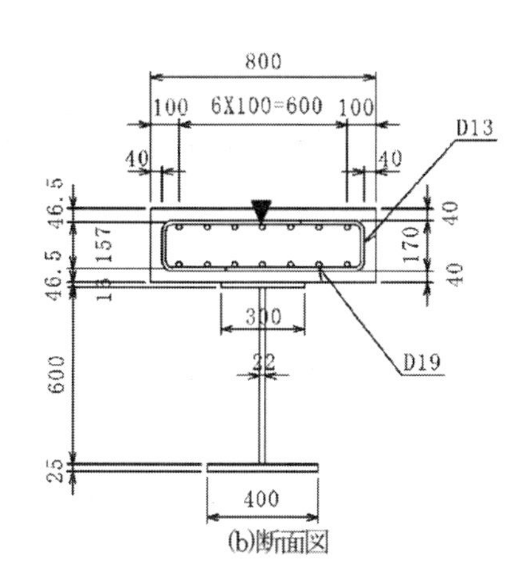

図 4.3.2　対象供試体の概略図 [8]

（出典 8：藤原良憲ほか，連続合成桁における床版コンクリート施工時の桁挙動の測定，構造工学論文集，Vol.54A，pp.860-870，2008 年 3 月）

図 4.3.3　対象供試体の写真

表 4. 3. 1　収縮供試体で使われたコンクリートの特性

	収縮供試体 普通供試体
呼び強度(N/mm^2)	27
スランプ(cm)	8
粗骨材最大寸法(cm)	20
水セメント比(%)	55
圧縮強度(N/mm^2)	36

表 4. 3. 2　供試体推定配合

	W	C	S	G	W/C	Air
配合重量(kg/m^3)	174	317	809	971	0.55	4.5%
密度(g/cm^3)	1.0	3.15	2.68	2.65		

(2)　材料スケールでの特性評価

a)　解析条件

マルチスケール解析においては，コンクリートの空隙構造やその中に含まれる水の挙動を精緻に追跡するが，そのためにはコンクリートの配合や練混ぜから供用後の環境条件が必要になる．本検討では実際の収縮供試体が打設から約 100 時間後に暴露であるという報告に基づき，打設温度を 20℃として，打設から 4 日間は 20℃環境で封緘養生され，その後に 16 日間 20℃，相対湿度 60%の一定環境に暴露されるという仮定を設けて解析を行った．最終的には発熱膨張や乾燥による収縮を含めてこの間の体積変化を解析再現した．

b)　解析結果と考察

打設から約 500 時間までの解析結果を**図 4. 3. 4** に示す．この図では水和熱による膨張や自己収縮の他，乾燥収縮も含めた解析結果となっている．打設から 4 日後の暴露までは殆ど収縮は見られないが，暴露と同時に 40μ 程度の収縮が生じ，その後はほぼ一定の速度で乾燥収縮が進行し，そこから 450 時間後までにトータルで 220μ 程度の収縮が生じる結果となった．

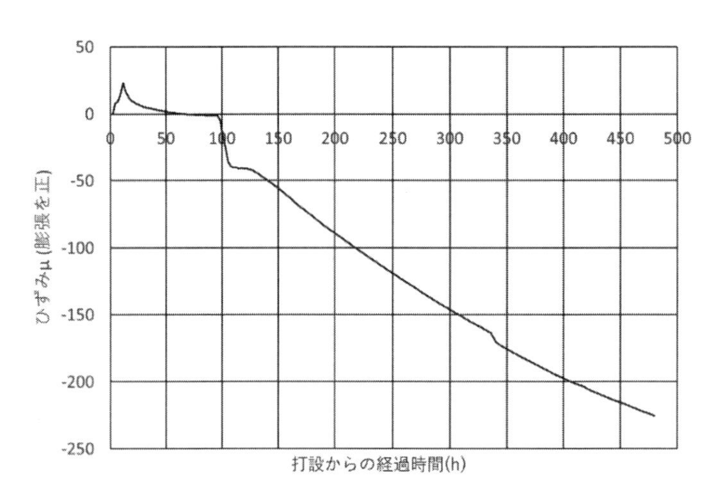

図 4. 3. 4　解析による材料の収縮特性評価結果

(3)　部材スケールでの特性評価

a)　解析条件

本検討における配合は材料解析と同じものを用い，環境条件についてはコンクリートの練上り温度を20℃，打設後の周囲の環境温度を10℃一定として計算を行った．鋼材とコンクリート床版とは完全に剛結されているものと仮定し，界面の剥離などは考慮していない．なお解析モデルは部材軸対称面分割した1/2モデルとした．メッシュ分割図を**図4.3.5**に示す．ひずみは実験と同じくコンクリート床版中心位置で算出した．コンクリート床版は鉄筋コンクリートソリッド要素で表現し，鋼部材はシェル要素で表現する．なお計算は解析システム内で算出される引張強度に基づいてひび割れ判定を行うが，ここでは比較検討のために，ひび割れ強度を上げてひび割れが生じないという条件下での計算も行った．

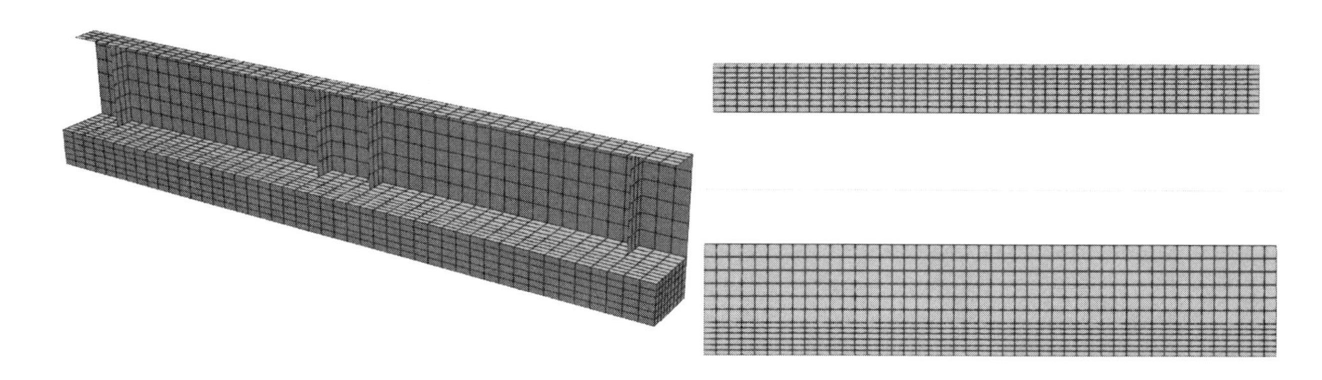

図4.3.5　メッシュ分割図

b)　解析結果と考察

図4.4.6，**図4.4.7**および**図4.4.8**に部材全体の変形に関する解析結果を示す．初期においてはコンクリートの水和熱膨張を鋼材が拘束して，下側にたわむような変形が生じるが，24時間後にはコンクリート床版の自己収縮を鋼材が拘束することによって全体としては若干反り上がるような変形が生じ，暴露乾燥後にはコンクリート床版の収縮が更に進むことによって反り上がりが大きくなるような変形が生じる結果となった．

図4.3.9は解析と実測値とのひずみの比較を示す．解析では熱膨張を含めたひずみが出力されることから，出力点の温度データに基づき，RCの線膨張係数を10μ/℃として補正を行っている．実測では打設から100時間後の脱型までの間において，まず0μから-20μまで収縮が起きた後，40μまでひずみが増加し，その後緩やかに収縮が生じていく結果となった．一方，解析では24時間までに-30μくらい収縮が生じ，その後水和熱の発散とともにひずみが0μに回復した後，100時間後の脱型からは乾燥による収縮が始まり，-20μ程度まで収縮が生じた後，徐々に収縮が抜けてひずみが0に戻っていくという結果となっている．

実験と解析の比較から，ひずみの相対変化に関しては同様の傾向が得られているものの，絶対ひずみとしての変化については違いがあることが浮かび上がった．このずれは水和初期におけるひずみの評価に由来するものと考えられる．水和初期においてはコンクリートの剛性の低さから，コンクリートに収縮応力が生じても，それが十分に鉄筋に伝わりきらない状況にある．また水和熱によってコンクリートも鉄筋も熱膨張・収縮が生じるが，効果過程において，コンクリートは水とセメント硬化体とが入り混じった熱膨張特性となる．これらの要因から水和初期の絶対ひずみ変化については正確な評価が難しいところがあり，これが絶対ひずみにおける相違の原因と考えられる．

また今回の解析では，100時間後の暴露開始後，乾燥によって収縮が単調増加すると考えられるところで，途中から収縮が回復する現象が見られた．この現象として，収縮による鋼材界面でのひび割れ形成が考えられる．コンクリートと鋼材の接合部付近に着目すると，コンクリートの乾燥によって，コンクリートは収縮ひずみが生じるが，その収縮を鋼材が拘束することによって，界面付近のコンクリートには引張力が導入されることになる．収縮ひずみが大きくなり，引張応力がコンクリートの引張強度を超えると，コンクリートにはひび割れが生じ，それによってコンクリートの収縮力が開放され，無応力状態である 0μ に漸近していくことになる．これを簡易に確認するために，コンクリートの引張強度を上げて，ひび割れが生じないという仮定下で計算を行ったところ，暴露開始後単調に収縮が継続していく結果が得られ，界面におけるひび割れの発生が収縮から膨張へと転ずる原因であることが明かになった．界面において引張応力が発生していること，**図 3.4.8** の主応力分布図において，コンクリート部に引張力が発生していることからも確認できる．

Time: 14.4(hours)

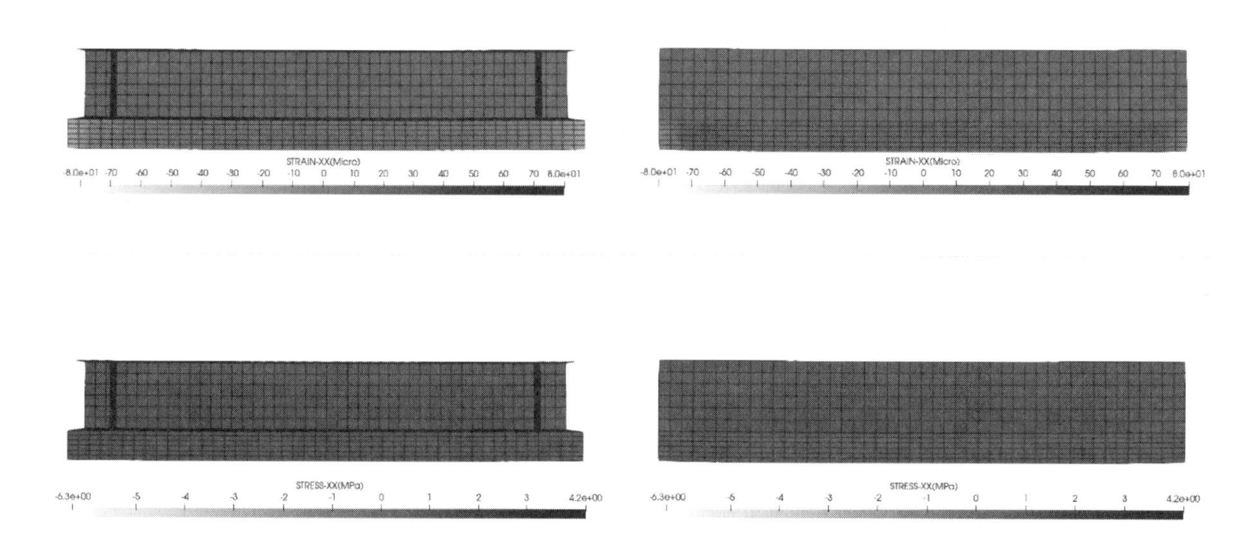

図 4.3.6　0.6 日後（14.4 時間後）の状況

Time: 24.0(hours)

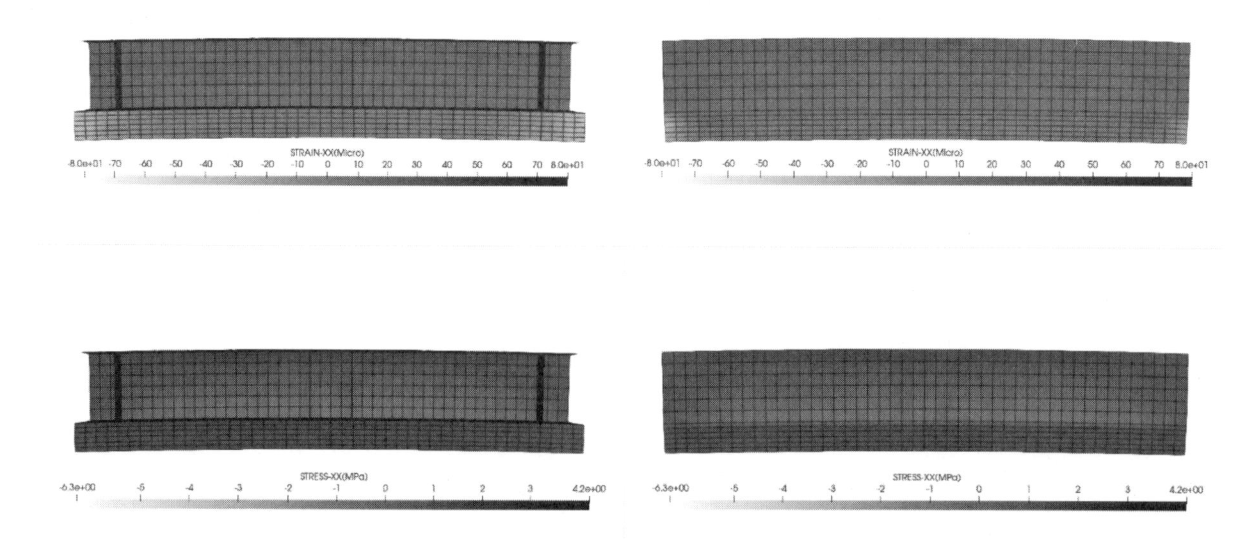

図 4.3.7　1.0 日後（24 時間後）の状況

Time: 100.8(hours)

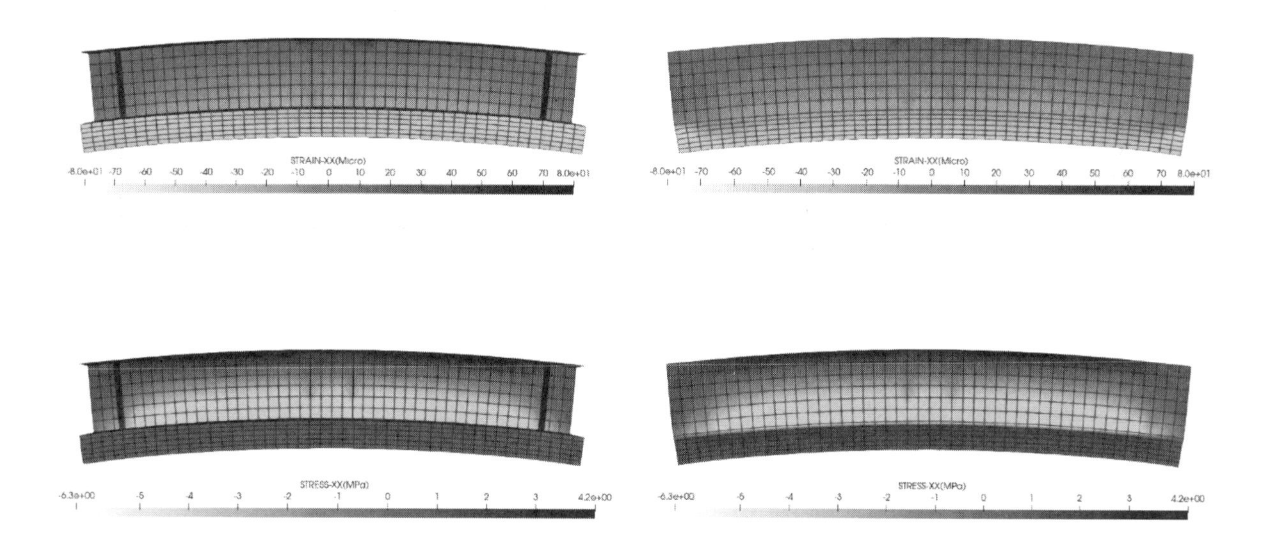

図 4.3.8　4.0 日後（100 時間後）の状況

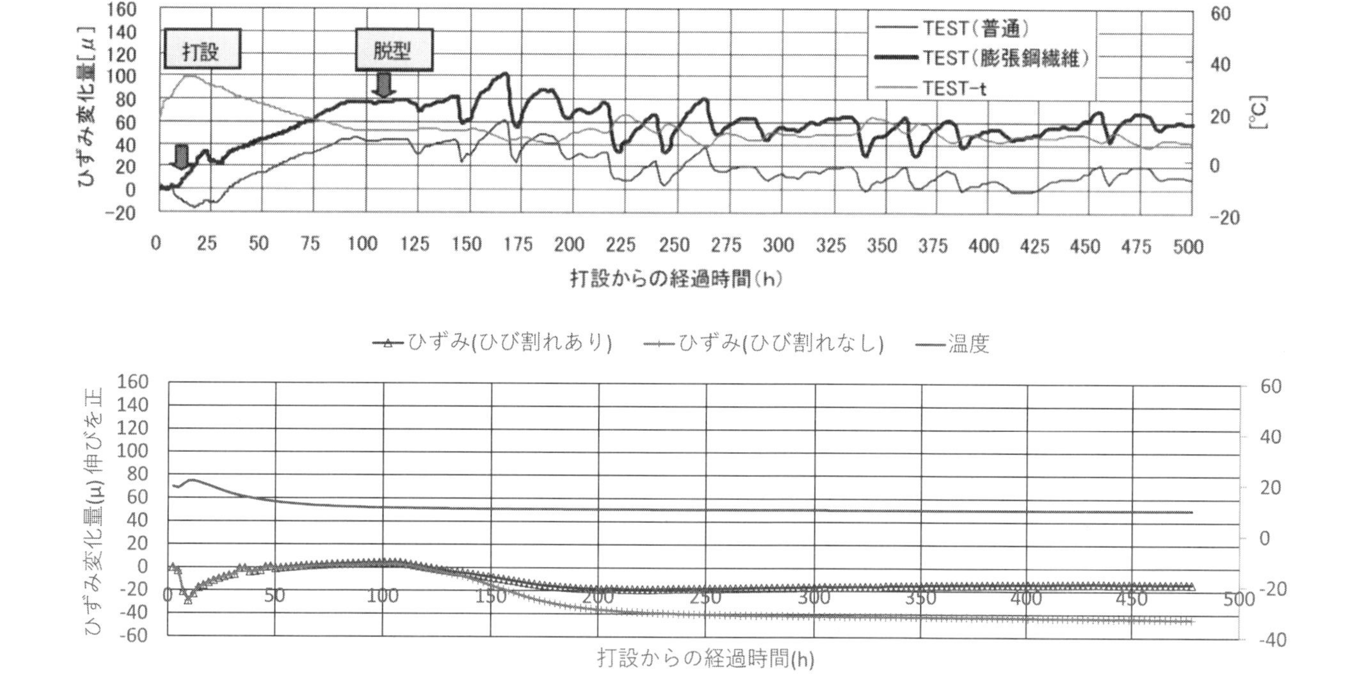

図 4.3.9　実測値（上）[8]と解析結果（下）の比較

（出典 8：藤原良憲ほか，連続合成桁における床版コンクリート施工時の桁挙動の測定，構造工学論文集，Vol.54A，pp.860-870，2008 年 3 月）

4.3.3　仮想設計橋梁を対象とした解析による長期挙動評価

（1）　対象橋梁の概要

ここで検討対象とするのは，一般的な手法で設計された鋼コンクリート合成構造橋梁であり，あくまで仮想の橋梁である．本検討の目的は，一般的な設計手法によって発生が想定される構造物各部位における応力やひずみ，更にはその後のクリープ・収縮変形を，マルチスケール解析による予測値と比較することで，設

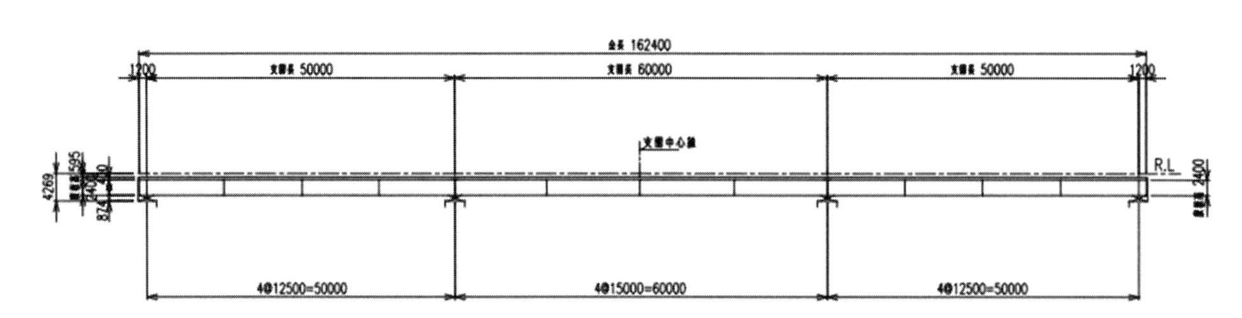

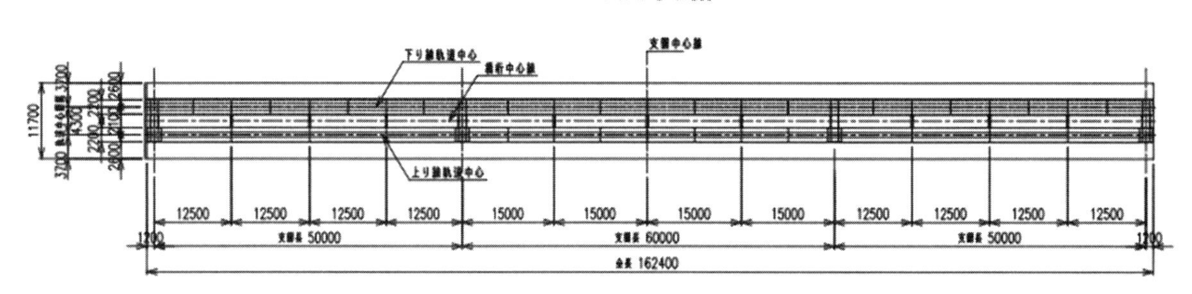

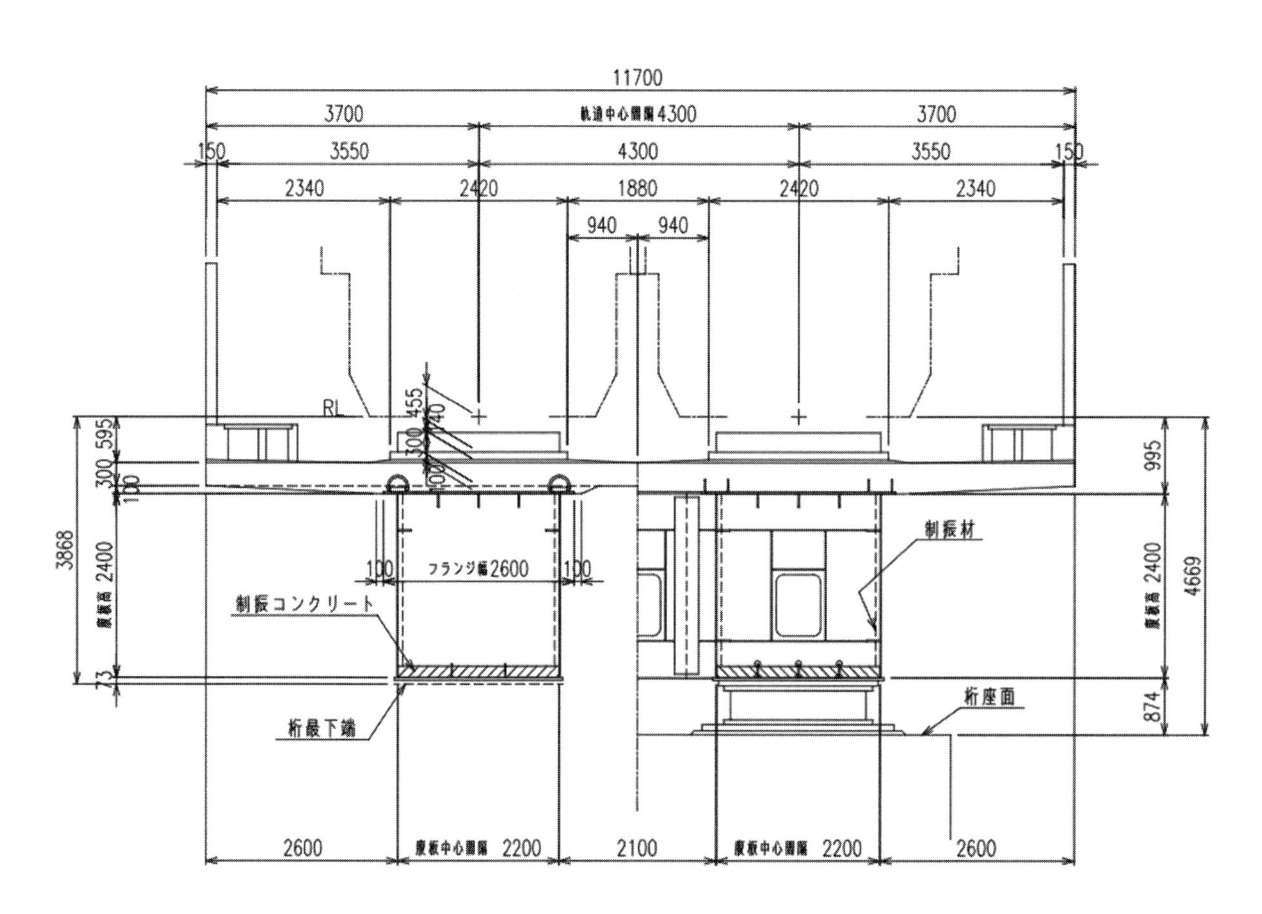

図 4.3.10　仮想橋梁の全体概略図

表 4.3.3　解析で用いたコンクリート配合

	W	C	S	G	W/C	Air
配合重量(kg/m^3)	173	339	788	977	0.51	4.5%
密度(g/cm^3)	1.0	3.15	2.68	2.65		

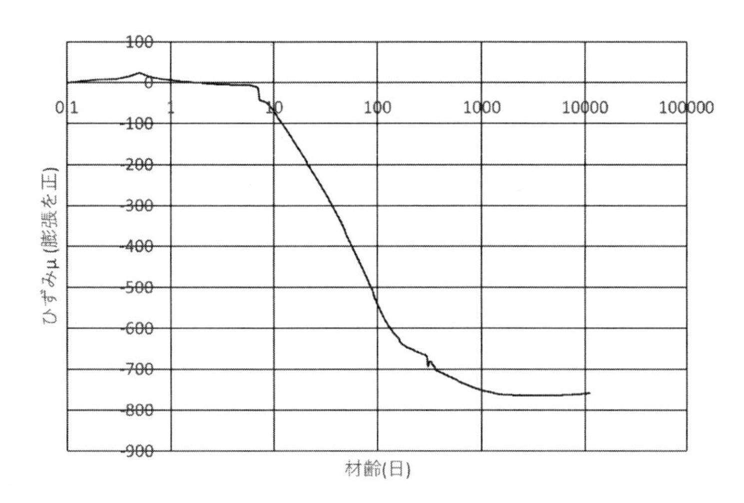

図 4.3.11　解析による材料の収縮特性評価結果

計時仮定の妥当性を比較評価することである．本橋梁の概要を**図 4.3.10** に示す．なお支承は，ゴムシューを用いた水平力分散シューである．

(2)　材料スケールでの特性評価

a)　解析条件

本解析ではコンクリートの配合については**表 4.3.3** のように設定した．環境条件については，打設時の材料温度と環境温度が 20℃とし，そこから 7 日間 20℃一定での封緘養生を経た後，そこで気温 20℃，相対湿度 60%の環境に暴露されるという仮定を設けた．その後に約 30 年間の体積変化を検討することとした．解析を行った．最終的には発熱膨張や乾燥による収縮を含めてこの間の体積変化を解析再現した．

b)　解析結果と考察

図 4.3.11 に解析結果を示す．この図では水和熱による膨張や自己収縮の他，乾燥収縮も含めた解析結果となっている．暴露までの間の収縮はほとんど見られず，暴露開始後速やかに 40～50μ 程度の収縮が生じ，その後はほぼ一定の速度で乾燥収縮が進行し，約 1000 日で 750μ 程度の収縮が生じ，そこで安定するという解析結果となった．

(3)　構造物スケールでの特性評価

a)　解析条件

解析検討にあたっては，本橋梁を 1/4 モデルで再現することとした．この解析でも床版は鉄筋コンクリートソリッド要素で表現し，鋼部材はシェル要素で表現する．支承はゴムシューの大きさに相当する支圧板を設置し，それをピンヒンジとしてモデル化した．したがって橋軸周りの回転は無視する形となっている．使用したメッシュを**図 4.3.12** に示す．使用したコンクリートの配合や環境条件は材料スケールでの解析と同一である．コンクリート床版は鉄筋コンクリートソリッド要素で表現し，鋼部材は弾性シェル要素で表現する．

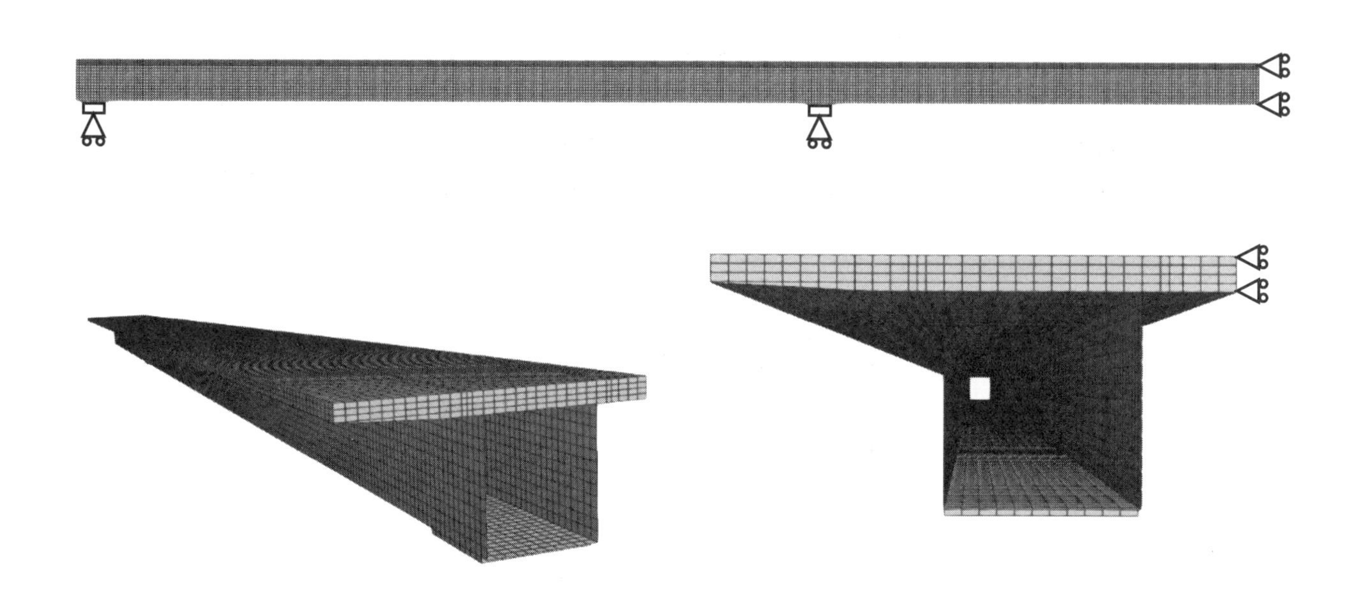

図 4.3.12　メッシュ分割図

コンクリート床版の鉄筋比 1%で一様なものと仮定した．またコンクリート床版は同一タイミングで一斉に打設されたものとした．また解析では 7 日で脱型によって気中暴露されると同時に重力が作用するという仮定を設け，その後の長期挙動を検討した．

b)　解析結果と考察

図 4.3.13 に材齢 7 日に気中暴露と同時の重力作用を行った時点を起点とし，それ以降のたわみの変化をプロットした結果を示す．変位出力点は中央スパンの中央部である．解析の結果から 1000 日で 13.6mm 程度のたわみが生じ，10000 日で 17.4mm のたわみに達した．**図 4.3.14** は重力作用後 1 日時点と 11924 日時点での全体変形図を示すものであり，たわみの増加とともにコンクリート床版の引張領域が拡大していることが確認できる．

このたわみ進行に伴って内部で生じている現象を分析するために，中央スパンの中央部における下フランジからコンクリート床版上縁までのひずみの経時変化をプロットしたものが**図 4.3.15** である．材齢 8 日時点では下フランジでは 831 μ の引張，コンクリート床版上縁には 404 μ 程度の圧縮ひずみが生じ，中立軸は床版上面から 80mm 下がった位置にある．コンクリート床版においては，乾燥とクリープが進行することで収縮側へのひずみが増大していくが，鋼部材である下フランジのひずみはほぼ同じ値を維持したまま推移する．この結果，中立軸位置が徐々に下がり，30 年経過後には中立軸はコンクリート床版上縁から 160mm 下がった位置へと移動する結果となった．

図 4.3.16 は同部位における下フランジとコンクリート床版上縁までの各部位のひずみの推移について，横軸を打設からの経過日数として示したものである．この図には要因分析のために，7 日で重力を作用させた場合とさせない場合との 2 つの場合のひずみ推移をプロットしている．重力の作用がない場合の結果は，自己収縮および乾燥収縮，さらにそれらへのクリープに由来した変形を意味する．この場合，暴露後に下フランジに 104 μ の収縮ひずみが生じた一方で，コンクリート床版にはそれより小さな 60 μ 程度のひずみが生じ，中央スパンは若干そり上がるような形での変形となった．これは構造形式に由来するものであり，側径間部においてコンクリート床版の収縮によって下向きの変形が生じたことで，中央スパン部でそり上がりが

生じ，その結果コンクリート床版上縁に下フランジよりも大きな引張ひずみが生じたものである(図 4. 3. 17).

この結果を基に，コンクリート床版のひずみから，弾性変形と収縮分を引き，そのひずみを弾性ひずみで割ることでクリープ係数を得ることができる．結果を示したものが図 4. 3. 18 である．図から分かるように，コンクリート床版ではクリープ変形が進行しており，完成から 200 日後くらいよりその進行速度が加速した後，2000 日程度で進行速度が遅くなり，30 年後には 1.9 になる結果となった.

なお本解析では主に軸方向変形に着目したことから，設計計算と同じくブレースを陽な形でモデル化していなかったが，変形図から箱型の鋼材が面外方向に変形していることが分かった．これはコンクリート床版部分の弾性変形や収縮，クリープによる変形によって生じたものであり，実構造物ではブレースの効果によってこのような変形が抑制されていることが窺える結果となった．今後，実橋の計測によってブレースの変形拘束効果についても検証を行い，その程度に応じて設計で適切に考慮する必要がある.

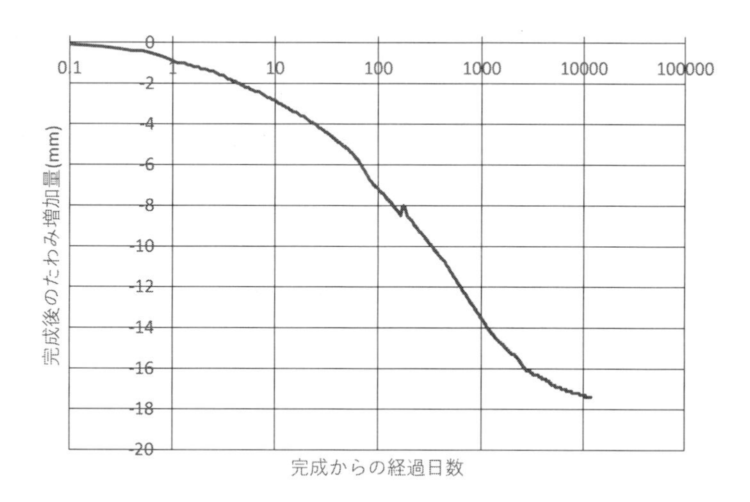

図 4. 3. 13　外気暴露および重力作用後のたわみの経時変化

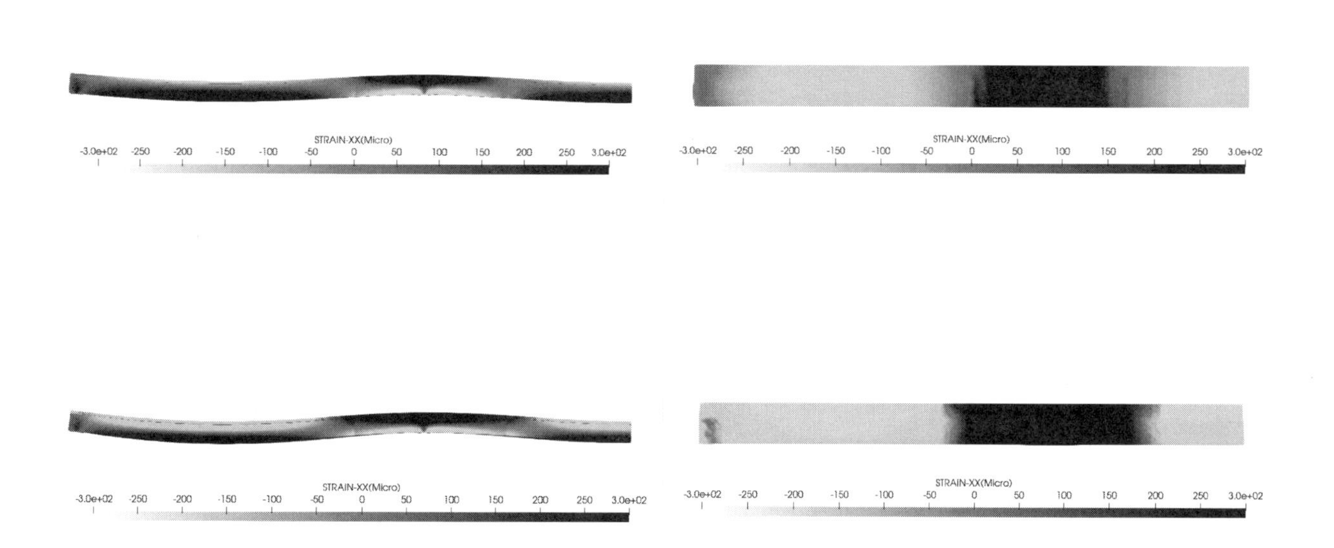

図 4. 3. 14　橋梁全体の変形の経時変化(上段：材齢 8. 1 日，下段：材齢 11924 日)
※軸方向ひずみによるコンター

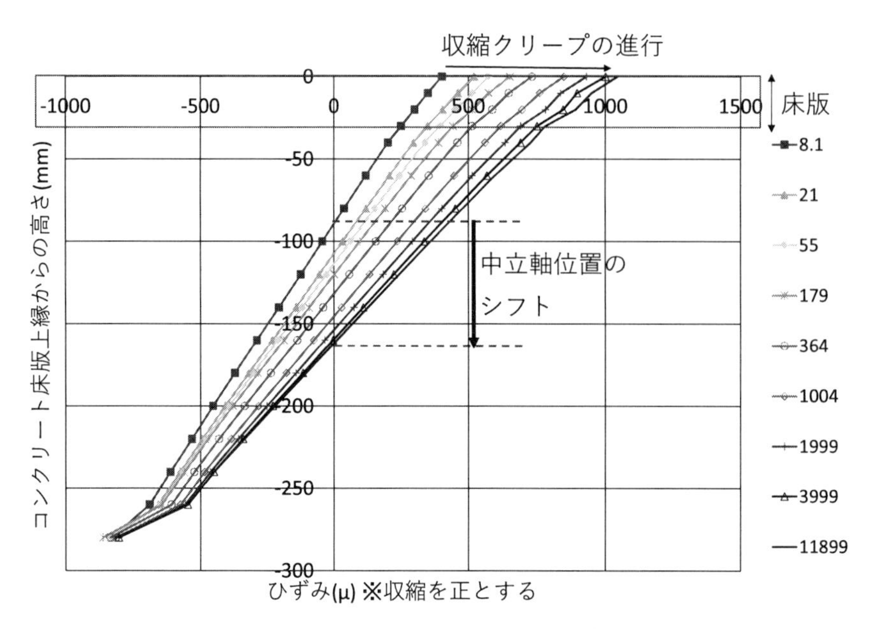

図 4.3.15　スパン中央部における断面内ひずみ分布の経時変化

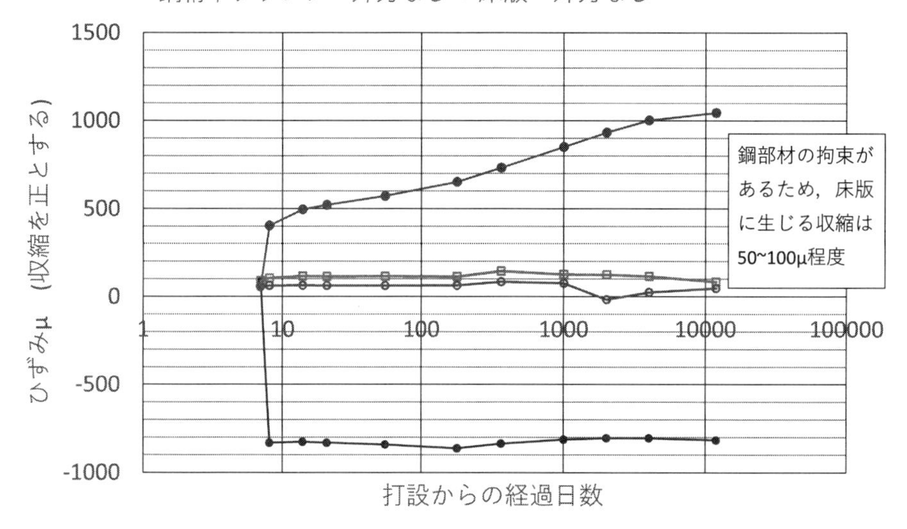

図 4.3.16　スパン中央部におけるコンクリート床版上縁と鋼桁下フランジのひずみ分布の経時変化

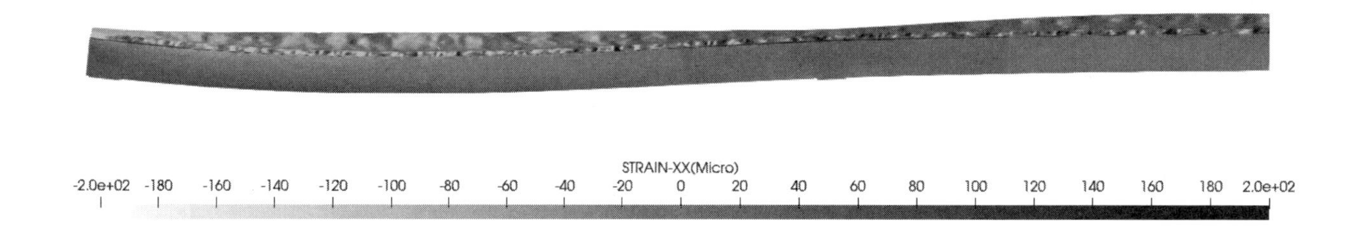

図 4.3.17　乾燥のみ重力作用なしの場合の橋梁全体の変形

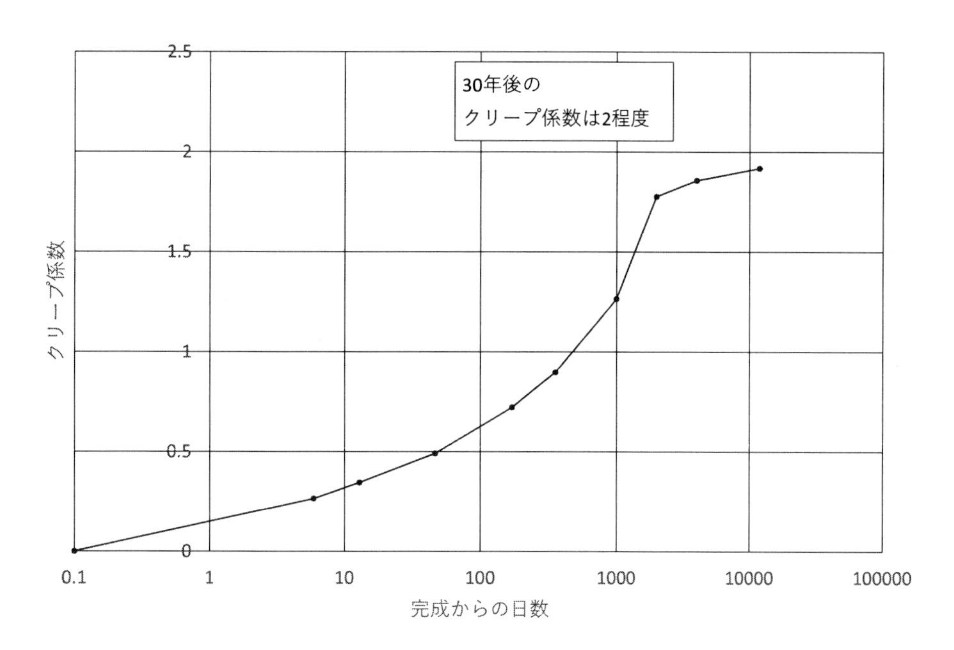

図 4.3.18　全体系計算から算出されたコンクリート床版のクリープ係数

c)　　設計基準により算出される値とマルチスケール解析による結果との比較

ここまでマルチスケール解析で検討してきた橋梁について，設計基準に則って算出した値との比較を行った．マルチスケール解析から，クリープ係数が 1.9，最終の乾燥収縮値については 50~100 μ 程度と予想される結果となったが，乾燥収縮には応力となって構造系内に蓄えられている成分があると考えられることから，ここでの比較では最終収縮度について，200 μ（ケース 0）と 100 μ（ケース 1）の 2 通りでの計算を行い，マルチスケール解析の結果と比較することにした．

なお，ここの設計で用いた基準は，鉄道構造物等設計標準・同解説　鋼・合成構造物　平成 21 年 7 月版であり，列車荷重については，新幹線 H 荷重【標準第 I 編 4.4.3　列車荷重】とした．荷重についてはマルチスケール解析においても同等の荷重をコンクリート床版表面への分布荷重として与えて計算している．

表 4.3.4 に断面力(それぞれの項目ごとの曲げモーメントと軸力から算出された応力)の計算結果を示す．

200 μ を仮定したケース 0 の場合，コンクリート床版上縁の応力は-5.7N/mm²(圧縮)，鋼桁上フランジ上縁の応力は-131.5N/mm²(圧縮)，鋼桁下フランジ下縁の応力は 166.3N/mm²(引張)となり，100 μ を仮定したケース 1 では，これらのうち鋼桁上フランジ上縁の応力のみが異なり，-121.9N/mm²(圧縮)となる結果となった．

これに対してマルチスケール解析の 30 年後の結果では，スパン中央のコンクリート床版上縁の応力は-3.3N/mm²(圧縮)，鋼桁上フランジ上縁の応力は-123.5N/mm²(圧縮)，鋼桁下フランジ下縁の応力は 276.1N/mm²(引張)という結果となった．なお同一点でのひずみはコンクリート床版上縁で-1009.0 μ (収縮)，鋼桁上フランジ上縁のひずみは-695.1 μ (収縮)，鋼桁上フランジ下縁では 634.4 μ (伸び)という結果である．設計値と解析値において，コンクリート床版や鋼桁上フランジ付近では概ね一致した値が得られているが，鋼桁下フランジ部分での応力に違いが生じる結果となった．

4.3.4　本節のまとめ

本節で得られた知見を以下に示す．

- 材料試験において 1000μ に近いひずみが予想されるコンクリート材料を用いても，複合構造物内で鋼材による拘束を受けることで，その部位の最終的なひずみが 100～200μ 程度に抑えられる．

表 4.3.4　設計基準式による各ケースでのスパン中央における断面力（単位 N/mm^2, 引張を正とする）

			ケース０	ケース１
床版上縁	M_{D2}	合成後死荷重（N=7）	-1.6	-1.6
	M_{D2}	合成後死荷重（クリープ考慮）	-1.1	-1.1
	M_{L}	活荷重	-2.6	-2.6
	M_{I}	衝撃荷重	-0.8	-0.8
	M_{C}	遠心荷重	0.0	0.0
	N_{sh}	乾燥収縮（内部応力）	0.8	0.4
	M_{sh}	乾燥収縮（内部応力）	-0.1	0.0
	M_{sh}'	乾燥収縮（不静定力）	1.3	0.7
	N_{T}	温度差（内部応力）	-0.3	-0.3
	M_{T}	温度差（内部応力）	0.1	0.1
	M_{T}'	温度差（不静定力）	-0.5	-0.5
	M_{CR}'	クリープ（不静定力）	0.4	0.4
	計		-5.7	-5.7
上フランジ上縁	M_{D1S}	合成前死荷重（鋼桁他）	-24.2	-24.2
	M_{D1C}	合成前死荷重（コンクリート床版）	-54.5	-54.5
	M_{D2}	合成後死荷重（N=7）	-5.7	-5.7
	M_{D2}	合成後死荷重（クリープ考慮）	-16.0	-16.0
	M_{L}	活荷重	-9.1	-9.1
	M_{I}	衝撃荷重	-2.6	-2.6
	M_{C}	遠心荷重	0.0	0.0
	N_{sh}	乾燥収縮（内部応力）	-8.3	-4.2
	M_{sh}	乾燥収縮（内部応力）	-15.6	-7.8
	M_{sh}'	乾燥収縮（不静定力）	4.6	2.3
	N_{T}	温度差（内部応力）	-3.1	-3.1
	M_{T}	温度差（内部応力）	-5.8	-5.8
	M_{T}'	温度差（不静定力）	1.7	1.7
	M_{CR}'	クリープ（不静定力）	1.4	1.4
	N_{LR}	ロングレール縦荷重	-----	-----
	計		-131.5	-121.9
下フランジ下縁	M_{D1S}	合成前死荷重（鋼桁他）	19.6	19.6
	M_{D1C}	合成前死荷重（コンクリート床版）	44.0	44.0
	M_{D2}	合成後死荷重（N=7）	30.4	30.4
	M_{D2}	合成後死荷重（クリープ考慮）	32.3	32.3
	M_{L}	活荷重	48.8	48.8
	M_{I}	衝撃荷重	14.1	14.1
	M_{C}	遠心荷重	0.0	0.0
	N_{sh}	乾燥収縮（内部応力）	-8.3	-4.2
	M_{sh}	乾燥収縮（内部応力）	12.6	6.3
	M_{sh}'	乾燥収縮（不静定力）	-24.8	-12.4
	N_{T}	温度差（内部応力）	3.1	3.1
	M_{T}	温度差（内部応力）	-4.6	-4.7
	M_{T}'	温度差（不静定力）	9.0	9.1
	M_{CR}'	クリープ（不静定力）	-7.6	-7.6
	N_{LR}	ロングレール縦荷重	0.0	0.0
	計		166.3	166.3

- 鋼コンクリート合成桁においては，コンクリートの収縮を鋼材が拘束することによって，鋼コンクリート界面にひずみが集中し，ここにひび割れが生じている可能性がある．
- 設計基準に基づき，ひずみを 200μ，クリープ係数を 2 として設計された実スケールの鋼コンクリート合成桁橋において，その 30 年間の挙動を材料-構造応答連成解析システムによって解析評価した．その結果，最終的なひずみが 100μ 程度，クリープ係数が 2 程度となる結果が得られた．解析から得られたひずみ最終値である 100μ は，設計値で設定された 200μ とは異なるが，設計において設定されたひずみは，その一部が応力として構造系に含まれるようになることを考えると，最終的には両者は近い応力状態となったと考えられる．

4.3 章（4.3.1～4.3.4 章）の参考文献

1) K. Maekawa, A. Pimanmas and H. Okamura：Nonlinear Mechanics of Reinforced Concrete，SPON Press，2003
2) K. Maekawa, T. Ishida and T. Kishi：Multi-Scale Modeling of Structural Concrete，Taylor and Francis，2008
3) K. Maekawa, N. Chijiwa and T. Ishida: Long-term deformational simulation of PC bridges based on the thermo-hygro model of micro-pores in cementitious composites, Cement and Concrete Research，Vol.41, No.43, pp.1310-1319, 2011.5.
4) M. Ohno, N. Chijiwa, B. Suryanto and K. Maekawa: An Investigation into the Long-Term Excessive Deflection of PC Viaducts by Using 3D Multi-scale Integrated Analysis, Journal of Advanced Concrete Technology, Vol.10, No.2, pp.4-58, 2012.2
5) K. Maekawa, X. Zhu, N. Chijiwa, S. Tanabe: Mechanism of Long-Term Excessive Deformation and Delayed Shear Failure of Underground RC Box Culverts, Journal of Advanced Concrete Technology, Japan Concrete Institute, Vol.14, No.6, pp.183-204, 2016.4
6) R. Kurihara, N. Chijiwa and K. Maekawa: Thermo-Hygral Analysis on Long-Term Natural Frequency of RC Buildings with Different Dimensions, Journal of Advanced Concrete Technology, Vol. 15, No. 8, pp.381-396, 2017.8
7) N. Chijiwa, S. Hayasaka and K. Maekawa: Long-Term Differential and Averaged Deformation of Box-Type Pre-stressed Concrete Exposed to Natural Environment, Journal of Advanced Concrete Technology, Japan Concrete Institute, Vol.16, No.1, pp.1-17, 2018.1
8) 藤原良憲，谷口望，池田学，福岡寛記：連続合成桁における床版コンクリート施工時の桁挙動の測定，構造工学論文集，Vol.54A, pp.860-870, 2008.3
9) 国土交通省鉄道局監修，鉄道総合技術研究所編: 鉄道構造物等設計標準・同解説―鋼・合成構造物，丸善出版，2009.7

（執筆者：千々和　伸浩，久保　武明，谷口　望）

第5章　　まとめと今後の展望

5.1 まとめ

本報告書において，2 章では，コンクリート材料としての収縮，クリープの挙動，室内実験及び実環境での収縮特性についてまとめ，3 章では，鋼材を含む構造体としての構造応答に対する収縮，クリープの影響を，特に，複合構造物に着目し，実務設計，数値解析によって検討した．コンクリート材料単体としては，室内の一定環境下で，材料特性，境界条件に応じ，大きな収縮，クリープを呈するものの，鉄筋や外部の拘束を含んだ構造部材としての収縮，クリープは，室内実験に比べて小さいことが経験的に知られている．収縮については，降雨や積雪にさらされる実環境では乾燥が抑制され，無拘束の小型供試体でも収縮は平均として 200μ に留まることが実験及び解析の両面から示唆された．これは構造設計で用いられる道路橋や鉄道橋における部材の収縮度とおおむね一致した．一方で，コンクリート材料としての収縮は，骨材特性によっては，同一配合でも 2.0 倍程度の相違があり得る．合成桁のコンクリートの収縮を 400μ まで増加させた試設計を行った結果，コンクリート床版については影響がなく，鋼桁断面においても板厚の微小な調整のみで大きな変更をする必要がないことが分かった．これは，一般的な合成桁断面においては死活荷重の影響が卓越し，収縮の影響はあまり大きくないことを示していると言える．また，同様に，クリープを実設計で用いる一般的な値から増加させた場合も同様に大きな変更をする必要がなく対応が可能である．

材料特性の経時的な変化と構造応答を連成させたマルチスケール解析からも，コンクリート材料としての収縮が室内で 600μ を超えても，合成桁では，鋼材の拘束によって部材としての収縮は 100～200μ 程度になることが示された．一方で，コンクリート自体の収縮が大きくなると，部材全体としての収縮はさほど大きくならなくても，鋼材による拘束によってコンクリートにひび割れが誘発されやすくなることが解析によって示され，これが 1.3 節に示したひび割れ事例などにつながると考えられる．すなわち，骨材特性などによってコンクリート材料としての収縮が大きくなることがあっても，ひび割れによる応力開放により，部材の曲げモーメントや断面力といった安全にかかわる構造応答に大きな影響はなく，設計変更の範囲で対応可能である可能性が浮かび上がってきた．コンクリートのひび割れを誘発することで，耐久性の面での問題が生じる可能性が高まるため，その対策についてもセットで検討する必要性があるが，コンクリートのひび割れリスクを完全に回避することが困難であることを考えれば，ひび割れ発生に対して柔軟に臨むこともこれからの設計の在り方として重要な観点ではないかと考えられる．

5.2 今後の展望

これまで，コンクリートの特性値としての収縮，クリープに関する材料研究は多く実施されてきた．一方，実務の構造設計では，収縮，クリープの値がほぼ一律に与えられ，その根拠は十分に理解されていなかったように思われる．構造設計が高度化していく中，収縮，クリープの取扱いは長い間大きく変わっておらず，基本的に同じ構造形態であるはずの道路用合成桁と鉄道用合成桁では，設計基準上一部異なる設計手法が示されている現状にある．近年では複合構造物に限らず，損傷事例が報告されてきた．本研究委員会では，コンクリートの収縮，クリープという材料特性値と構造設計実務，さらには最先端の数値解析手法を用いて，改めて収縮，クリープの取扱いのあり方について検討を行った結果，構造設計で用いられる収縮ひずみの取扱いなど，過去の設計の考え方が基本的に妥当であるとともに，複合構造の応答の観点では収縮，クリープの感度は高くないことがわかってきた．

一方，耐久性なども勘案すると，ひび割れの制御は重要な観点であり，その高度化のためにはコンクリートの収縮，クリープの材料特性値を明確な形で設計に組み込んでいくことが求められる．特に複合構造のように拘束が大きい場合には，上述の通りコンクリートのひび割れ制御が重要になる．特に，複合構造物における頭付きスタッドは拘束力が大きく，コンクリートの収縮が大きい場合にはコンクリートの表面だけでなく，頭付きスタッド周りにも局所ひび割れが発生する可能性もあり，構造，材料の両面からの対策を今後検討する必要がある．頭付きスタッド周りの応力場あるいはそこでのひび割れ形成には，頭付きスタッドの形状や水和初期を含めたコンクリートの強度発現，収縮，クリープ特性が影響すると考えられるが，この点については知見が十分とはいえず，今後実験データ等の蓄積が望まれるところである．

鉄筋コンクリートにおける鉄筋とコンクリートの付着特性，さらにはコンクリート中の骨材とペーストの界面特性は古くから続く研究課題であるが，より合理的な構造形式を模索する研究開発の中で，より多様な材料の組み合わせが検討されていき，異種材料間の応力伝達の本質的理解の重要性が一層増していくものと考えられる．材料的知見，構造的知見を統合した研究の充実発展を期待するところである．

（執筆者：浅本　晋吾，千々和　伸浩，川端　雄一郎）

土木学会　複合構造委員会の本

複合構造標準示方書

	書名	発行年月	版型:頁数	本体価格
	2009年制定 複合構造標準示方書	平成21年12月	A4:558	
	2014年制定 複合構造標準示方書　原則編・設計編　〈オンデマンド販売中〉	平成27年5月	A4:791	
※	2014年制定 複合構造標準示方書　原則編・施工編	平成27年5月	A4:216	3,500
※	2014年制定 複合構造標準示方書　原則編・維持管理編	平成27年5月	A4:213	3,200

複合構造シリーズ

	号数	書名	発行年月	版型:頁数	本体価格
	01	複合構造物の性能照査例 －複合構造物の性能照査指針(案)に基づく－	平成18年1月	A4:382	
	02	Guidelines for Performance Verification of Steel-Concrete Hybrid Structures (英文版　複合構造物の性能照査指針(案)　構造工学シリーズ11)	平成18年3月	A4:172	
	03	複合構造技術の最先端 －その方法と土木分野への適用－	平成19年7月	A4:137	
	04	FRP歩道橋設計・施工指針(案)	平成23年1月	A4:241	
	05	基礎からわかる複合構造－理論と設計－	平成24年3月	A4:116	
	06	FRP水門設計・施工指針(案)	平成26年2月	A4:216	
	07	鋼コンクリート合成床版設計・施工指針(案)	平成28年1月	A4:314	
※	08	基礎からわかる複合構造－理論と設計－(2017年版)	平成29年12月	A4:140	2,500
※	09	FRP接着による構造物の補修・補強指針(案)	平成30年7月	A4:310	3,500

複合構造レポート

	号数	書名	発行年月	版型:頁数	本体価格
	01	先進複合材料の社会基盤施設への適用	平成19年2月	A4:195	
	02	最新複合構造の現状と分析－性能照査型設計法に向けて－	平成20年7月	A4:252	
	03	各種材料の特性と新しい複合構造の性能評価－マーケティング手法を用いた工法分析－	平成20年7月	A4:142 +CD-ROM	
	04	事例に基づく複合構造の維持管理技術の現状評価	平成22年5月	A4:186	
	05	FRP接着による鋼構造物の補修・補強技術の最先端	平成24年6月	A4:254	
	06	樹脂材料による複合技術の最先端	平成24年6月	A4:269	
	07	複合構造物を対象とした防水・排水技術の現状	平成25年7月	A4:196	
	08	巨大地震に対する複合構造物の課題と可能性	平成25年7月	A4:160	
※	09	FRP部材の接合および鋼とFRPの接着接合に関する先端技術	平成25年11月	A4:298	3,600
	10	複合構造ずれ止めの抵抗機構の解明への挑戦	平成26年8月	A4:232	
	11	土木構造用FRP部材の設計基礎データ	平成26年11月	A4:225	
※	12	FRPによるコンクリート構造の補強設計の現状と課題	平成26年11月	A4:182	2,600
※	13	構造物の更新・改築技術　－プロセスの紐解き－	平成29年7月	A4:258	3,500
※	14	複合構造物の耐荷メカニズム－多様性の創造－	平成29年12月	A4:300	3,500
※	15	複合構造物の防水・排水技術－水の侵入形態と対策－	令和2年3月	A4:155	2,200
※	16	コンクリート充填鋼管適用技術の現状と最先端	令和3年1月	A4:308	3,500
※	17	連続合成桁橋における床版取替え技術の現状と展開	令和3年9月	A4:268	3,000
※	18	根拠に基づく構造性能評価のための点検・解析の技術体系を目指して －点検を目的とした維持管理へ導かれた技術者へのメッセージ－	令和4年3月	A4:208	2,300
※	19	複合構造におけるコンクリートの収縮・クリープの影響 －材料と構造の新たな境界問題－	令和4年8月	A4:124	2,200

※は、土木学会および丸善出版にて販売中です。価格には別途消費税が加算されます。

定価 2,420 円（本体 2,200 円＋税 10%）

複合構造レポート 19
複合構造におけるコンクリートの収縮・クリープの影響
－材料と構造の新たな境界問題－

令和 4 年 8 月 1 日　第 1 版・第 1 刷発行

編集者……公益社団法人　土木学会　複合構造委員会
　　　　　複合構造におけるコンクリートの収縮・クリープの影響に関する研究小委員会
　　　　　委員長　下村　匠
発行者……公益社団法人　土木学会　専務理事　塚田　幸広

発行所……公益社団法人　土木学会
　　　　　〒160-0004　東京都新宿区四谷 1 丁目（外濠公園内）
　　　　　TEL　03-3355-3444　FAX　03-5379-2769
　　　　　http://www.jsce.or.jp/
発売所……丸善出版株式会社
　　　　　〒101-0051　東京都千代田区神田神保町 2-17　神田神保町ビル
　　　　　TEL　03-3512-3256　FAX　03-3512-3270

ISBN978-4-8106-1068-0
印刷・製本：キョウワジャパン（株）　用紙：（株）吉本洋紙店